DEUTSCHE DEMOKRATISCHE REPUBLIK
DEUTSCHE AKADEMIE
DER LANDWIRTSCHAFTSWISSENSCHAFTEN ZU BERLIN

ARCHIV FÜR GEFLÜGELZUCHT UND KLEINTIERKUNDE

Begründet als „ARCHIV FÜR GEFLÜGELKUNDE“
im Jahre 1926 von JAN GERRIETS

AKADEMIE-VERLAG · BERLIN

1969 · 18. BAND

Herausgeber: Deutsche Demokratische Republik · Deutsche Akademie der Landwirtschaftswissenschaften zu Berlin

Chefredakteur: Prof. Dr. JOACHIM ENGELHARD

Das Archiv für Geflügelzucht und Kleintierkunde erscheint in Heften mit einem Umfang von je 4 Druckbogen (64 Seiten). Die innerhalb eines Jahres herausgegebenen 6 Hefte bilden einen Band. Das letzte Heft eines Bandes enthält Inhalts-, Autoren- und Sachverzeichnis.

Der Bezugspreis je Heft beträgt 10,— M. Sonderpreis für die DDR 5,— M.

Die Schriftleitung nimmt nur Manuskripte an, deren Gesamtumfang 25 Schreibmaschinenseiten nicht überschreitet und die bisher noch nicht, auch nicht in anderer Form, im In- oder Ausland veröffentlicht wurden. Jeder Arbeit ist eine Zusammenfassung mit den wichtigsten Ergebnissen (nicht länger als 20 Zeilen), wenn möglich auch in russischer und englischer bzw. französischer Sprache, beizufügen. Gegebenenfalls erfolgt die Übersetzung in der Akademie.

Manuskripte sind zu senden an den Chefredakteur: Prof. Dr. JOACHIM ENGELHARD, Inst. für Geflügelzucht Rottenau der Deutschen Akademie der Landwirtschaftswissenschaften zu Berlin, 3404 Rottenau, Post Loburg.

Die Autoren erhalten Umbruchabzüge zur Korrektur mit befristeter Terminstellung. Bei Nichteinhaltung der Termine erteilt die Redaktion Imprimatur.

Für jede Arbeit werden unentgeltlich 100 Sonderdrucke geliefert. Das Honorar beträgt 40,— M je Druckbogen und schließt auch die Urheberrechte für das Bildmaterial ein. Dissertationen, auch gekürzte bzw. geänderte, werden nicht honoriert.

Verlag: Akademie-Verlag GmbH, 108 Berlin 8, Leipziger Straße 3—4, Fernruf: 220441. Telex-Nr. 112020. Postscheckkonto: Berlin 35021. Bestellnummer dieses Verzeichnisses: 1041/18.

Veröffentlicht unter der Lizenznummer 1277 des Presseamtes beim Vorsitzenden des Ministerrates der Deutschen Demokratischen Republik.

Gesamtherstellung: VEB Druckerei „Thomas Müntzer", 582 Bad Langensalza.

Inhaltsverzeichnis

Buchbesprechungen

Autorenverzeichnis

Sachverzeichnis

DEUTSCHE DEMOKRATISCHE REPUBLIK
DEUTSCHE AKADEMIE
DER LANDWIRTSCHAFTSWISSENSCHAFTEN ZU BERLIN

ARCHIV FÜR GEFLÜGELZUCHT UND KLEINTIERKUNDE

AKADEMIE-VERLAG · BERLIN

BAND 18 · 1969 · HEFT 1

Arch. Geflügelzucht u. Kleintierkd. · Bd. 18 · 1969 · H. 1 · S. 1–58 · Berlin

Das Archiv für Geflügelzucht und Kleintierkunde erscheint in Heften mit einem Umfang von je 4 Druckbogen (64 Seiten). Die innerhalb eines Jahres herausgegebenen 6 Hefte bilden einen Band. Das letzte Heft eines Bandes enthält Inhalts-, Autoren- und Sachverzeichnis.

Der Bezugspreis je Heft beträgt 10,– M. Sonderpreis für die DDR 5,– M.

Die Schriftleitung nimmt nur Manuskripte an, deren Gesamtumfang 25 Schreibmaschinenseiten nicht überschreitet und die bisher noch nicht, auch nicht in anderer Form, im In- und Ausland veröffentlicht wurden. Jeder Arbeit ist eine Zusammenfassung mit den wichtigsten Ergebnissen (nicht länger als 20 Zeilen), wenn möglich auch in russischer und englischer bzw. französischer Sprache, beizufügen. Gegebenenfalls erfolgt die Übersetzung in der Akademie.

Manuskripte sind zu senden an den Chefredakteur: Dr. JOACHIM ENGELHARD, Institut für Geflügelzucht Rottenau der Deutschen Akademie der Landwirtschaftswissenschaften zu Berlin, 3404 Rottenau, Post Loburg.

Die Autoren erhalten Umbruchabzüge zur Korrektur mit befristeter Terminstellung. Bei Nichteinhaltung der Termine erteilt die Redaktion Imprimatur.

Für jede Arbeit werden unentgeltlich 100 Sonderdrucke geliefert. Das Honorar beträgt 40,– M je Druckbogen und schließt auch die Urheberrechte für das Bildmaterial ein. Dissertationen, auch gekürzte bzw. geänderte, werden nicht honoriert.

Verlag: Akademie-Verlag GmbH, 108 Berlin, Leipziger Straße 3–4, Fernruf: 220441. Telex-Nr. 112020. Postscheckkonto: Berlin 35021. Bestellnummer dieses Heftes: 1041/18/1.

Veröffentlicht unter der Lizenznummer 1277 des Presseamtes beim Vorsitzenden des Ministerrates der Deutschen Demokratischen Republik.

Gesamtherstellung: VEB Druckerei „Thomas Müntzer“, 582 Bad Langensalza.

DEUTSCHE DEMOKRATISCHE REPUBLIK
DEUTSCHE AKADEMIE
DER LANDWIRTSCHAFTSWISSENSCHAFTEN ZU BERLIN

ARCHIV FÜR GEFLÜGELZUCHT UND KLEINTIERKUNDE

Begründet als „ARCHIV FÜR GEFLÜGELKUNDE"
im Jahre 1926 von JAN GERRIETS

AKADEMIE-VERLAG · BERLIN

BAND 18 · 1969 · HEFT 1

Arch. Geflügelzucht u. Kleintierkd. • Bd. 18 • 1969 • H. 1 • S. 1–58 • Berlin

Inhalt

Содержание

Contents

Arch. Geflügelzucht u. Kleintierkd. · Bd. 18 · 1969 · H. 1 · S. 3—19 · Berlin

Aus der Sektion Tierproduktion und der Sektion sozialistische Betriebswirtschaft
der Universität Rostock

SIEGFRIED POPPE, CLAUS RUTTLOFF, WALTER RUNGE

Zur Optimierung von Mischfuttermitteln für Küken

2. Mitteilung

Eingegangen: 19. 7. 1968

1. Einführung

Der rationelle Einsatz der vorhandenen Futtermittel in der Tierproduktion ist ein wirtschaftlich sehr bedeutungsvolles Problem, dessen Lösung eine schnelle Anwendung der neuesten wissenschaftlichen Erkenntnisse der Tierernährung erfordert. Eine wichtige Möglichkeit ist durch die Herstellung und den Einsatz von Mischfuttermitteln in modernen Werken unter Nutzung der modernen Rechentechnik gegeben. Voraussetzung hierfür ist, daß vom Gesetzgeber der Nähr- und Wirkstofformel für die Herstellung und Deklarierung von Mischfuttermitteln zugestimmt wird. Diese Zustimmung wird von dem Nachweis abhängen, daß Rationen mit gleichen Nährstoffgehalten, aber unterschiedlicher Rohstoffzusammensetzung auch die gleiche tierische Leistung ermöglichen. Außerdem müssen Kenntnisse über rohstoffspezifische Wirkungen, die zu Restriktionen vom Gesetzgeber erhoben werden, über die Auswirkung des ständigen Wechsels der Rohstoffzusammensetzung der Ration auf die tierische Leistung sowie über die mögliche Schwankungsbreite des Nähr- und Wirkstoffgehaltes einer Ration vorliegen. Zur Klärung dieser Fragen sollen die an wachsenden Leghornküken durchgeführten Untersuchungen mit optimierten Rationen beitragen.

2. Die Optimierungsmethodik

Wie bereits früher dargestellt (POPPE, 1965), ist bei der gegenwärtigen Organisation der Warenbewegung für die Rezepturgestaltung im KFM der Preis der Rohstoffe nicht die entscheidende Größe. Es ist wesentlich vorteilhafter, wenn als Zielfunktion der optimale Futterwert in die Rechnung eingeht.

Bei der bekannten Methode der linearen Programmierung wird der Preis oder ein Inhaltsstoff der Ration (z. B. Rohprotein) unter Einhaltung bestimmter Restriktionen optimiert (maximiert bzw. minimiert). Wenn der Preis aus der weiteren Betrachtung ausgeklammert wird, so ergibt sich trotzdem der Nachteil, daß nur ein Inhaltsstoff dynamisch behandelt wird. Hier erscheint eine andere Verfahrensweise günstiger, bei der die Gesamtheit der wertbestimmenden Bestandteile in der Zielfunktion berücksichtigt wird. Das kann durch die quadratische Optimierung erreicht werden.

Im folgenden soll auf die quadratische Optimierung als eine Methode der Optimierung von Futterrationen eingegangen werden.

Gegeben sind n Futtermittel $F_1, F_2, \ldots, F_n$, die mit den prozentualen Anteilen $x_1, x_2, \ldots, x_n$ zu einem Aufzuchtfutter vermischt werden. Die Qualität des Futters wird maßgeblich durch die prozentualen Anteile $t_1, t_2, \ldots, t_m$ der Nährstoffe $N_1, N_2, \ldots, N_m$ bestimmt. Nach Möglichkeit soll das herzustellende Futter die Anteile $g_1, g_2, \ldots, g_m$ für die erwähnten Nährstoffe aufweisen. Diese Forderungen an das herzustellende Futter sind natürlich nicht in jedem konkreten Falle exakt erfüllbar; bei ungünstigen Futtermitteln $F_1, F_2, \ldots, F_n$ können die Abweichungen $t_1 - g_1$, $t_2 - g_2, \ldots, t_m - g_m$ sogar erheblich sein. Je kleiner die relativen Abweichungen* $\frac{t_1 - g_1}{g_1}, \frac{t_2 - g_2}{g_2}, \ldots, \frac{t_m - g_m}{g_m}$ in ihrer Gesamtheit sind, um so besser ist die Futterqualität offenbar einzuschätzen. Das Optimierungsproblem bei der Herstellung von Mischfutter besteht infolgedessen darin, solche Anteile $x_1, x_2, \ldots, x_n$ der einzelnen Futtermittel $F_1, F_2, \ldots, F_n$ im Mischfutter zu bestimmen, die ein Minimum an relativen Abweichungen der tatsächlichen Nährstoffgehalte von den betreffenden geforderten zur Folge haben.

3. Die Modellierung des Problems

Sei N_{ij} der relative (prozentuale) Anteil des Nährstoffes N_i $(i = 1, 2, \ldots, m)$ im Futtermittel F_j $(j = 1, 2, \ldots, n)$, dann gilt

$$\sum_{j=1}^{n} \frac{N_{ij}}{100} x_j = t_i \; (i = 1, 2, \ldots, m) . \tag{1}$$

Wird diese Gleichung der Reihe nach durch g_i $(i = 1, 2, \ldots, m)$ dividiert, so erhalten wir

$$\sum_{j=1}^{n} d_{ij}\, x_j = \frac{t_i}{g_i} \; (i = 1, 2, \ldots, m) \tag{2}$$

mit den Abkürzungen

$$d_{ij} = \frac{n_{ij}}{100\, g_i} \quad \begin{array}{l}(i = 1, 2, \ldots, m;\\ j = 1, 2, \ldots, n)\,.\end{array} \tag{3}$$

Als Zielfunktion kommt die Summe der Quadrate der relativen Abweichungen der Nährstoffanteile

$$z = \sum_{i=1}^{m} \frac{(t_i - g_i)^2}{g_i^2} \tag{4}$$

in Frage. Für (4) kann auch

$$z = \sum_{i=1}^{m} \left(1 - \frac{t_i}{g_i}\right)^2 \tag{5}$$

* Es wurden hier anstelle der absoluten die relativen Abweichungen genommen, damit das „Gewicht" der einzelnen Nährstoff-Forderungen zur Geltung kommt.

geschrieben werden. Beachtet man (2) in (5), so wird

$$z = \sum_{i=1}^{m} \left[1 - \sum_{j=1}^{n} d_{ij} x_j \right]^2 . \tag{6}$$

Wird die eckige Klammer ausquadriert, dann ergibt sich

$$z = \sum_{i=1}^{m} \left\{ 1 - 2 \sum_{j=1}^{n} d_{ij} x_j + \sum_{j=1}^{n} \sum_{k=1}^{n} d_{ij} d_{ik} x_j x_k \right\} \tag{7}$$

oder

$$z = m - 2 \sum_{j=1}^{n} \sum_{i=1}^{m} d_{ij} x_j + \sum_{i=1}^{m} \sum_{j=1}^{n} \sum_{k=1}^{n} d_{ij} d_{ik} x_j x_k . \tag{8}$$

Man führt nun die Matrizen

$$\boldsymbol{x} = \begin{pmatrix} x_1 \\ x_2 \\ \cdot \\ \cdot \\ \cdot \\ x_n \end{pmatrix}, \quad \boldsymbol{p} = \begin{pmatrix} -2 \sum_{i=1}^{m} d_{i1} \\ -2 \sum_{i=1}^{m} d_{i2} \\ \cdot \\ \cdot \\ \cdot \\ -2 \sum_{i=1}^{m} d_{in} \end{pmatrix}, \quad \boldsymbol{M} = \begin{pmatrix} d_{11} & d_{12} & \dots & d_{1n} \\ d_{21} & d_{22} & \dots & d_{2n} \\ \dots & \dots & \dots & \dots \\ d_{m1} & d_{m2} & \dots & d_{mn} \end{pmatrix} \tag{9}$$

ein. Deutet man die Transponierte einer Matrix durch einen senkrechten Strich am Matrixsymbol an und setzt schließlich

$$\boldsymbol{M}' \boldsymbol{M} = \boldsymbol{C} = \begin{pmatrix} c_{11} & c_{12} & \dots & c_{1n} \\ c_{21} & c_{22} & \dots & c_{2n} \\ \dots & \dots & \dots & \dots \\ c_{n1} & c_{n2} & \dots & c_{nn} \end{pmatrix} \tag{10}$$

mit

$$c_{ik} = \sum_{i=1}^{m} d_{ij} d_{jk} \quad (j, k = 1, 2, \dots, n) , \tag{11}$$

so vereinfacht sich die Gestalt von (8) zu

$$z = m + \boldsymbol{p}' \boldsymbol{x} + \boldsymbol{x}' \boldsymbol{C} \boldsymbol{x} . \tag{12}$$

Der Vektor $\boldsymbol{x}$ ist nun so zu bestimmen, daß die Größe z minimal wird. Natürlich sind bei diesem Optimierungsprozeß gewisse Nebenbedingungen einzuhalten, die stets auf die Matrizenform

$$A \boldsymbol{x} \leqq b \tag{13}$$

gebracht werden können; dabei sind

$$A = \begin{pmatrix} a_{11} & a_{12} & \dots & a_{1n} \\ a_{21} & a_{22} & \dots & a_{2n} \\ \cdot & \cdot & & \cdot \\ \cdot & \cdot & & \cdot \\ \cdot & \cdot & & \cdot \\ a_{r1} & a_{r2} & \dots & a_{rn} \end{pmatrix}, b = \begin{pmatrix} b_1 \\ b_2 \\ \cdot \\ \cdot \\ \cdot \\ b_r \end{pmatrix} \quad (14)$$

gewisse Matrizen. Die Ungleichung (13) erläutern wir zum näheren Verständnis an einem Beispiel: Gegeben sind drei Futtermittel F_1, F_2 und F_3. Es soll ein Mischfutter hergestellt werden, das mindestens 10% F_1, mindestens 40% F_2 und wenigstens 30% F_3 enthält. Ferner soll in diesem Futter höchstens 3% des Nährstoffs N_1 vorhanden sein.

Wir kleiden diese Forderungen in Formeln: Zunächst muß $x_1 + x_2 + x_3 = 100$ gelten. Diese Gleichung ist gleichbedeutend mit den Ungleichungen

$$x_1 + x_2 + x_3 \leqq 100\,, \quad -x_1 - x_2 - x_3 \leqq -100\,. \quad (15)$$

Die Minimal-Forderungen bezüglich der einzelnen Anteile bedeuten

$$\left.\begin{aligned} x_1 &\geqq 10\,, & x_2 &\geqq 40 \text{ und } & x_3 &\geqq 30 \\ &\text{oder} \\ -x_1 &\leqq -10\,, & -x_2 &\leqq -40 \text{ und } & -x_3 &\leqq -30 \end{aligned}\right\} \quad (16)$$

Schließlich sagt die Forderung an den Nährstoff N_1 aus:

$$\frac{n_{11}}{100} x_1 + \frac{n_{12}}{100} x_2 + \frac{n_{13}}{100} x_3 \leqq 3$$

oder

$$n_{11} x_1 + n_{12} x_2 + n_{13} x_3 \leqq 300\,. \quad (17)$$

Die Beschränkungen (15)—(17) ergeben insgesamt die Ungleichung (13), wobei nunmehr die Matrizen (14) die Form haben:

$$A = \begin{pmatrix} 1 & 1 & 1 \\ -1 & -1 & -1 \\ -1 & 0 & 0 \\ 0 & -1 & 0 \\ 0 & 0 & -1 \\ n_{11} & n_{12} & n_{13} \end{pmatrix}, \quad b = \begin{pmatrix} 100 \\ -100 \\ -10 \\ -40 \\ -30 \\ 300 \end{pmatrix}.$$

4. Eine Lösungsmethode

Um die Größe z in (12) zu minimieren, genügt es offenbar, die abgeänderte Zielfunktion

$$Z = z - m = p' x + x'' C x \quad (18)$$

zum Minimum zu führen, da die Konstante m von x unabhängig ist.

Die Optimierungsaufgabe

$$\boxed{\begin{array}{c} Z = \boldsymbol{p}'\,\boldsymbol{x} + \boldsymbol{x}'\,\boldsymbol{C}\,\boldsymbol{x} \rightarrow \min \\ \boldsymbol{A}\,\boldsymbol{x} \leqq \boldsymbol{b} \end{array}}$$

gestattet nun eine Behandlung nach dem Verfahren von HILDRETH-D'ESOPO (vgl. RUNGE, 1967). Die unabdingbare Voraussetzung für diese Methode ist die positive Definitheit der Matrix $\boldsymbol{C}$ in der Zielfunktion, die die Konvexität der Zielgröße Z sichert. Diese wichtige Voraussetzung ist in unserem Falle erfüllt, sofern die Matrix $\boldsymbol{C}$ regulär ist; das hat seine Ursache in der speziellen Gestalt (10) unserer Matrix $\boldsymbol{C}$. Ist $\boldsymbol{C}$ nicht regulär, dann läßt eine geringfügige Abänderung der Matrix $\boldsymbol{M}$ (der Nährstoffgehalte) schon die Matrix $\boldsymbol{C}$ regulär werden.

5. Versuchsdurchführung

In einem orientierenden Versuch mit 5 optimierten Rationen für Küken ergab sich, daß bei annähernd gleichem Nährstoffgehalt die unterschiedliche Rohstoffzusammensetzung der Mischungen keinen Einfluß auf die tierische Leistung ausübt (POPPE, 1965). Eine Abweichung ergab sich für die Roggenration, die eine gewisse Depression verursachte. Bei hoher Leistung zeigte sich die Wechselfütterung als Streßfaktor. Dieses Ergebnis wurde in einem Versuch mit 29 optimierten Rationen überprüft. Außerdem sollte der Einfluß verschiedener Mischfutterkomponenten sowie bestimmter Schwankungen der wertbestimmenden Bestandteile auf die tierische Leistung untersucht werden.

Für die Optimierung standen folgende Futtermittel zur Verfügung (s. Tab. 1).

Tabelle 1

Zusammensetzung der zur Optimierung zur Verfügung gestellten Futtermittel

	Rohfaser	Rohprotein % der TM	Rohasche	Gesamt-nährstoff
Gerste	6,22	10,27	2,86	62,30
Mais	2,36	10,74	1,30	80,80
Roggen	2,48	9,61	1,90	66,10
Weichweizen	2,44	12,45	1,86	72,70
Hartweizen	4,70	17,10	1,90	72,00
Gemenge (50% Hafer)	6,60	11,35	3,38	61,00
Weizenkleie	10,67	17,37	6,03	45,60
Tierkörpermehl	1,90	63,04	18,99	65,30
Sojaextraktionsschrot (getoastet)	5,93	49,08	6,18	62,20
Rapsextraktionsschrot	10,48	39,21	7,44	55,00
Trockenfutterhefe	0,50	45,85	8,71	71,30
Fischmehl	0,43	65,84	19,95	64,80
Grünmehl	20,75	16,80	8,07	17,40
Zuckerschnitzel	4,28	5,21	3,79	74,60
Wirkstoffmischung	2,79	14,19	2,62	70,00
Mineralstoffmischung	—	—	85,78	—

Daraus sollten Rezepturen errechnet werden, die den Forderungen der Tab. 2 entsprechen.

Folgende Varianten wurden errechnet:

1. Rezeptur mit 2 Getreidearten
2. Rezepturen mit 3 Getreidearten
3. Rezepturen mit 2 Getreidearten und Weizenkleie
4. Rezepturen mit 2 Getreidearten, Weizenkleie und Grünmehl
5. Rezepturen mit 2 Getreidearten, Weizenkleie, Grünmehl und Zuckerschnitzel
6. Rezepturen mit 2 Getreidearten, Weizenkleie und Zuckerschnitzel

Tabelle 2

Bedingungen für die Optimierung von Kükenaufzuchtfutter

Forderungen:	18,0% Rohprotein
	65,0% Gesamtnährstoff
	6,5% Rohasche
max.	4,5% Rohfaser
Pflichtbestandteile:	3,0% Trockenfutterhefe
	3,5% Fischmehl
	1,0% Tierkörpermehl
	1,0% Wirkstoffmischung
mind.	2,0% Sojaextraktionsschrot
max.	1,0% Rapsextraktionsschrot
max.	10,0% Roggen

Aus annähernd 450 Rezepturen wurden 29 für einen Kükenversuch ausgewählt (Tab. 3).

Die Streuung der errechneten Gehaltswerte der 29 Rationen beträgt bei

Rohfaser	rel. 8,02%	(absolut: 4,49 ± 0,36)
Rohprotein	rel. 2,41%	(absolut: 18,23 ± 0,44)
Rohasche	rel. 2,35%	(absolut: 6,38 ± 0,15)
GN	rel. 1,28%	(absolut: 66,22 ± 0,85).

In der Tab. 4 wurden die Analysenwerte der 29 Mischungen, die mit einem Meinicke-Mischer (200 kg Fassungsvermögen) hergestellt wurden, aufgeführt. Die analysierten Gehaltswerte weichen von den errechneten (Tab. 3) etwas ab. Die Rohprotein- und Rohaschewerte fallen in der Tendenz etwas höher und die Rohfaserwerte etwas niedriger aus.

Tabelle 3

Rohstoffzusammensetzung und errechneter Rohnährstoffgehalt von 29 optimierten Rationen (in %)

Ration/Nr.	6	9	26	37	50	59	62	63	65
Weichweizen	–	–	–	33,73	27,92	–	–	–	–
Hartweizen	47,93	49,11	46,74	–	6,97	25,21	26,53	27,16	–
Gerste	37,57	–	31,58	–	–	6,94	–	–	6,95
Mais	–	–	–	31,40	30,44	33,96	31,14	29,57	49,57
Roggen	–	–	6,92	–	–	–	6,96	–	6,96
Gemenge	–	36,34	–	–	–	–	–	13,83	–
Kleie	–	–	–	18,56	18,60	17,70	19,25	13,23	18,56
Mineralstoffgemisch	3,43	3,46	3,45	3,06	3,06	3,03	3,02	3,13	2,93
Sojaextraktionsschrot	2,59	2,61	2,99	4,77	4,55	4,69	4,62	4,61	6,87
Rapsextraktionsschrot	–	–	–	–	–	0,69	0,68	0,71	0,68
Futterhefe	3,00	3,00	3,00	3,00	3,00	3,00	3,00	3,00	3,00
Fischmehl	3,50	3,50	3,50	3,50	3,50	3,50	3,50	3,50	3,50
Tierkörpermehl	1,00	1,00	1,00	1,00	1,00	1,00	1,00	1,00	1,00
Wirkstoffmischung	1,00	1,00	1,00	1,00	1,00	1,00	1,00	1,00	1,00
Gehaltswerte (errechnet)									
Rohfaser	4,13	4,91	4,67	3,88	4,04	4,75	4,62	4,72	4,33
Rohprotein	18,20	18,26	18,35	17,66	17,86	18,83	18,88	18,69	18,05
Rohasche	6,47	6,46	6,38	6,27	6,27	6,34	6,30	6,37	6,29
Gesamtnährstoff	65,27	64,89	65,38	67,07	66,95	66,64	66,26	66,52	67,20

Die Streuung der tatsächlichen Gehaltswerte (Tab. 4) der 29 Rationen beträgt bei

Rohfaser	rel. 7,97%	(absolut: 4,14 ± 0,33)
Rohprotein	rel. 4,78%	(absolut: 18,62 ± 0,89)
Rohasche	rel. 14,83%	(absolut: 6,61 ± 0,98).

Die Versuchsanlage entsprach im wesentlichen der bereits beschriebenen (Poppe, 1965). Als Versuchstiere wurden Leghornhähnchen (sortiert) eingestallt.

Der Versuchsplan sah vor, daß jede der 29 Rationen an 4 Tiergruppen à 7 Tiere verfüttert wird. Außerdem wurden 4 Tiergruppen so gefüttert, daß sie an 29 Tagen 29 verschiedene Rationen erhielten. Nur am 1. und 2. Tag der insgesamt 30 Versuchstage waren die Rationen gleich. Zur Auswertung des Versuches wurden der Körpermassezuwachs (KMZ) und der Trockenfutteraufwand (TFA) ermittelt.

6. Versuchsergebnisse

Das Versuchsergebnis wurde in Tab. 5 dargestellt. Im Mittel der 29 Rationen wurden 10,6 g KMZ/Tier und Tag und ein TFA von 2,76 erzielt.

Tabelle 3a

Ration/Nr.	143	149	152	161	164	167	239	244
Weichweizen	–	–	30,07	–	–	–	36,79	–
Hartweizen	28,96	–	7,00	28,34	29,65	–	18,75	48,19
Gerste	–	–	–	6,92	–	6,94	–	9,98
Mais	36,94	52,71	29,72	32,46	29,71	50,47	–	–
Roggen	–	9,92	–	–	6,91	6,98	–	–
Gemenge	–	–	–	–	–	–	–	–
Kleie	16,03	17,03	15,38	14,47	16,04	15,45	14,67	13,66
Grünmehl	2,00	2,00	2,00	2,01	1,99	2,00	–	–
Zuckerschnitzel	–	–	–	–	–	–	13,88	12,78
Mineralstoffgemisch	3,02	2,90	3,05	3,02	3,01	2,91	3,09	3,07
Sojaextraktionsschrot	4,56	6,99	4,30	4,32	4,24	6,79	4,35	3,83
Futterhefe	3,00	3,00	3,00	3,00	3,00	3,00	3,00	3,00
Fischmehl	3,50	3,50	3,50	3,50	3,50	3,50	3,50	3,50
Tierkörpermehl	1,00	1,00	1,00	1,00	1,00	1,00	1,00	1,00
Wirkstoffmischung	1,00	1,00	1,00	1,00	1,00	1,00	1,00	1,00
Gehaltswerte (errechnet)								
Rohfaser	4,71	4,22	4,13	4,84	4,70	4,36	4,24	5,21
Rohprotein	18,71	17,77	17,72	18,53	18,57	17,67	17,66	18,75
Rohasche	6,21	6,16	6,22	6,25	6,20	6,22	6,57	6,62
Gesamtnährstoff	66,94	67,33	66,70	66,31	65,94	67,07	65,73	64,81

Tabelle 3b

Ration/Nr.	357	358	
Weichweizen	31,72	31,44	
Hartweizen	19,04	17,36	
Roggen	6,84	–	
Gemenge	–	17,34	
Kleie	16,27	12,48	
Grünmehl	–	1,99	
Zuckerschnitzel	1,09	7,72	
Mineralstoffgemisch	3,07	3,22	
Sojaextraktionsschrot	4,13	3,96	
Futterhefe	3,00	3,00	
Fischmehl	3,50	3,50	
Tierkörpermehl	1,00	1,00	
Wirkstoffmischung	1,00	1,00	
Gehaltswerte (errechnet)			Mittelwerte der 29 Rationen
Rohfaser	3,90	5,07	4,49 ± 0,36
Rohprotein	17,26	18,18	18,23 ± 0,44
Rohasche	6,18	6,91	6,38 ± 0,15
Gesamtnährstoff	65,03	65,23	66,22 ± 0,85

Tabelle 3a

247	255	263	267	266	312	314	315	347	356
—	32,39	—	—	—	—	—	—	—	28,27
49,91	19,24	26,52	27,59	28,05	52,67	53,85	53,45	30,06	7,01
—	—	6,96	—	—	9,88	—	—	—	—
—	—	28,53	28,58	24,97	—	—	—	32,45	26,76
—	6,98	—	—	6,90	—	9,99	—	—	—
13,07	—	—	10,74	—	—	—	24,39	—	—
10,98	15,98	15,71	13,48	16,97	—	—	—	14,38	15,76
—	—	—	—	—	1,98	3,36	2,00	1,99	0,70
10,62	10,03	5,50	3,02	6,33	18,57	16,17	5,33	4,59	4,91
3,16	3,07	3,04	3,12	3,03	3,33	3,32	3,38	3,03	3,06
3,78	3,92	5,28	5,00	5,28	5,16	4,86	2,98	5,05	5,14
3,00	3,00	3,00	3,00	3,00	3,00	3,00	3,00	3,00	3,00
3,50	3,50	3,50	3,50	3,50	3,50	3,50	3,50	3,50	3,50
1,00	1,00	1,00	1,00	1,00	1,00	1,00	1,00	1,00	1,00
1,00	1,00	1,00	1,00	1,00	1,00	1,00	1,00	1,00	1,00
5,11	4,27	4,67	4,68	4,54	4,68	4,52	4,00	4,70	4,05
18,79	17,67	18,43	18,41	18,45	18,41	18,40	18,45	18,62	17,68
6,56	6,51	6,38	6,57	6,34	6,57	6,42	6,46	6,27	6,35
64,93	64,90	66,76	66,67	66,42	67,18	66,77	65,28	67,05	67,07

Die extremen Werte schwanken beim KMZ zwischen 7,6 g (Rat. Nr. 6) und 12,5 g (Rat. Nr. 347) und beim TFA zwischen 2,55 und 3,14. Die Streuung des mittleren KMZ beträgt 8,49% und die des TFA 16,67%.

In Tab. 6 wurde das Ergebnis der Wechselfütterung und der Normalfütterung aufgeführt.

Durch die Wechselfütterung wurde eine um 0,6 g geringere tägliche Zunahme bewirkt. Dieser Unterschied ist statistisch nicht zu sichern (t-Wert: 1,043). Der TFA der Gruppen mit Wechselfütterung ist signifikant um 0,25 Einheiten ungünstiger als bei Normalfütterung.

Durch varianzanalytische Verrechnung des Materials ergab sich ein hoch signifikanter Unterschied zwischen den 29 Rationen und ihrer Wirkung auf den KMZ (Tab. 7).

Um die Faktoren zu erkennen, die zu diesem Ergebnis führten, wurde durch die Varianzanalyse der Einfluß folgender Parameter geprüft:

1. Rohprotein
2. Rohfaser
3. Rohasche
4. NFE
5. Trockensubstanz

Tabelle 4

Nährstoffzusammensetzung der Rationen (in %)

Rations-Nr.	Trocken-substanz	Rohasche	Roh-protein	Rohfett	Rohfaser	NFE
6	88,39	6,33	18,74	1,62	3,78	69,53
9	89,09	7,91	19,43	2,12	3,65	66,89
26	89,16	8,15	19,70	1,65	4,40	66,10
37	89,05	5,86	18,11	3,12	3,91	69,00
50	89,23	6,27	17,16	3,14	3,89	69,54
59	89,09	6,95	19,71	3,27	3,93	66,14
62	88,71	5,88	19,16	3,27	4,33	67,36
63	88,84	5,19	18,50	3,16	4,22	68,93
65	88,83	6,81	17,94	3,81	4,46	66,98
143	89,16	5,69	19,07	3,16	4,24	67,84
149	88,48	5,07	16,67	3,71	4,76	69,79
152	88,43	4,82	18,02	2,95	4,14	70,07
161	88,88	5,37	17,72	2,99	4,31	69,61
164	88,47	5,12	16,88	3,06	4,16	70,78
167	88,89	7,01	18,82	3,30	5,08	65,79
239	90,32	8,04	18,61	1,83	4,00	67,52
244	89,73	7,52	19,92	1,89	4,03	66,64
247	89,49	7,19	18,30	1,99	4,19	68,33
255	90,09	6,11	17,27	1,93	3,94	70,75
263	89,04	6,15	19,02	2,81	4,02	68,00
266	89,22	5,54	18,42	2,86	4,06	69,12
267	89,00	7,22	19,24	2,85	4,07	66,62
312	90,01	6,78	19,65	1,44	3,64	68,49
314	89,86	7,45	19,61	1,41	3,83	67,70
315	88,97	7,57	19,32	1,87	4,17	67,07
347	89,14	7,11	18,58	2,95	3,97	67,39
356	89,26	7,40	18,28	2,83	4,00	67,49
357	89,30	7,18	19,46	2,17	3,95	67,24
358	89,00	7,95	18,61	2,15	4,88	66,41
M	89,15	6,61	18,62	2,60	4,14	68,04

a) Rohprotein

Die mit den 29 Rationen erzielten Zunahmen wurden entsprechend dem Rohproteingehalt in 4 Klassen eingeteilt (Tab. 8).

Der mittlere KMZ der beiden Klassen mit weniger als 18% Rohprotein ist etwas geringer als der der Klassen mit mehr als 18% Rohprotein. Allerdings ist die Streuung des KMZ der Klasse mit 18,00—18,99% Rohprotein recht hoch. Es wurde geprüft, inwieweit sich der Unterschied im Rohproteingehalt (max. Differenz 3,25% — Ration Nr. 149 u. 244) auf die Höhe des KMZ ausgewirkt hat. Ein hoher F-Wert von 32,70 verdeutlicht, daß die im vorgestellten Material gefundene Differenz im Rohproteingehalt erheblichen Anteil am unterschiedlichen KMZ der einzelnen Rationen ausgeübt hat.

Tabelle 5

Der mit 29 optimierten Rationen erzielte KMZ und TFA

Rations-Nr.	KMZ/Tier u. Tag g	± s	TFA	± s
6	7,6	1,7	3,22	0,54
9	10,9	0,8	2,82	0,08
26	9,7	0,5	2,78	0,10
37	10,9	0,1	2,69	0,06
50	9,3	0,0	2,85	0,39
59	11,1	0,8	2,76	0,33
62	10,7	0,9	2,63	0,11
63	10,9	0,1	2,55	0,23
65	10,7	0,7	2,75	0,18
143	10,5	0,2	2,78	0,15
149	10,5	0,9	2,68	0,21
152	10,1	0,8	2,68	0,09
161	9,9	0,2	2,98	0,23
164	9,9	0,6	3,05	0,04
167	11,6	0,6	2,68	0,16
239	10,8	0,8	2,83	0,12
244	10,8	0,6	2,79	0,09
247	10,9	0,8	2,75	0,14
255	9,7	0,9	2,88	0,05
263	11,6	0,7	2,56	0,11
266	10,4	1,3	2,74	0,13
267	11,3	0,8	2,60	0,06
312	10,5	0,2	2,81	0,15
314	10,7	0,9	2,76	0,09
315	11,4	0,4	2,67	0,11
347	12,5	0,9	2,55	0,19
356	10,7	1,3	2,73	0,28
357	10,5	0,1	2,77	0,14
358	11,7	0,6	2,75	0,03
M	10,6	0,9 (=8,49%)	2,76	0,46 (=16,67%)
W*	10,0	1,1 (=11,00%)	3,01	0,17 (=5,62%)

* Gruppen mit Wechelfütterung

Tabelle 6

Vergleich der Normalfütterung mit der Wechselfütterung

	Normalfütterung $n = 29$	Wechselfütterung $n = 4$	Diff.	$t - W$
KMZ/Tier und Tag in g	10,6 ±0,9 (=8,49%)	10,0 ±1,1 (=11,00%)	0,6	1,0
TFA	2,76±0,46 (=16,67%)	3,01±0,17 (= 5,62%)	0,25	2,08*

* $p < 5\%$

Tabelle 7

Varianztabelle I

Varianzursache	Summe der Quadrate SQ	Freiheitsgrade FG	Varianzen s^2	F-Test
Totalvarianz	136378	115		
zwischen den Gruppen	79729	28	2847,46	4,37 F 0,1% 2,6
Innerhalb der Gruppen	56649	87	651,13	

Varianztabelle II

Varianzursache	SQ	FG	s^2	F-Test	P
total	136378	115			
Versuchsgruppe	79729	28	2847,46	24,49	xxx
Rohprotein	10838	3	3612,67	32,70	xxx
Rohfaser	6412	2	3206,00	28,90	xxx
Trockensubstanz	9302	1	9302,00	84,30	xxx
Rohasche	21070	3	7023,33	63,40	xxx
Rest	9027	78	116		

Tabelle 8

Klassifizierung des KMZ der mit 29 Rationen gefütterten Gruppen auf Grund des analysierten Rohproteingehaltes der Rationen

Rohprotein	unter 17%	17,00–17,99%	18,00–18,99%	über 19,00%	M
n	2	4	11	12	29
KMZ	10,2	9,9	10,8	10,8	10,6
$s \pm$	0,4	0,6	1,2	0,5	0,9

b) Rohfaser

Die mit den 29 Rationen erzielten Zunahmen wurden entsprechend dem Rohfasergehalt in 3 Klassen eingeteilt (Tab. 9).

Tabelle 9

Klassifizierung des KMZ der mit 29 Rationen gefütterten Gruppen auf Grund des analytischen Rohfasergehaltes der Rationen

Rohfaser %	unter 4,0	4,0–4,5	über 4,5	M
n	10	16	3	29
KMZ	10,4	10,6	11,3	10,6
$s \pm$	1,3	0,5	0,7	0,9

Aus der Tab. 9 ist ersichtlich, daß mit steigendem Rohfasergehalt der KMZ ansteigt. Auch der Einfluß der Rohfaser auf die unterschiedliche Höhe des KMZ ist statistisch sehr gut zu sichern, jedoch fällt der F-Wert (Tab. 7) mit 28,90 nicht ganz so hoch aus wie beim Rohproteingehalt.

c) Trockensubstanzgehalt

Die mit 29 Rationen erzielten Zunahmen wurden entsprechend dem Trockensubstanzgehalt in 2 Klassen eingeteilt (Tab. 10).

Tabelle 10

Klassifizierung des KMZ der mit 29 Rationen gefütterten Gruppen auf Grund des analytischen Trockensubstanzgehaltes der Rationen

Trockensubstanzgehalt %	unter 89%	über 89%	*M*
n	9	20	29
KMZ	10,2	10,8	10,6
s ±	1,2	0,7	0,9

Der mittlere KMZ der Klassen mit dem höchsten Trockensubstanzgehalt in der Ration liegt etwas höher. Der starke Einfluß des Trockensubstanzgehaltes auf den Unterschied im KMZ der 29 Rationen ist sehr deutlich. Für die Trockensubstanz wurde der höchste *F*-Wert von 84,30 aller untersuchten Inhaltsstoffe ermittelt.

d) Rohasche

Die mit den 29 Rationen erzielten Zunahmen wurden entsprechend dem Rohaschegehalt in 4 Klassen eingeteilt (Tab. 11).

Tabelle 11

Klassifizierung des KMZ der mit 29 Rationen gefütterten Gruppen auf Grund des analytischen Rohaschegehaltes der Rationen

Rohaschegehalt %	unter 6,00	6,00—6,99	7,00—7,99	über 8,00	*M*
n	9	7	11	2	29
KMZ	10,4	10,1	11,2	10,3	10,6
s ±	0,4	1,8	0,6	0,8	0,9

Es fällt auf, daß mit der Klasse 7—8% Rohasche der höchste KMZ erzielt wurde.

In gleicher Weise, wie bei den bereits behandelten Inhaltsstoffen, ist auch durch die unterschiedliche Höhe des Rohaschegehaltes in der Ration ein deutlicher Einfluß ausgeübt worden. Der *F*-Wert von 63,40 ist nach der Trockensubstanz der zweithöchste und statistisch hoch gesichert. Das für den KMZ Gesagte trifft auch für den TFA zu. Die Ergebnisse dieser Berechnungen sind in der Tabelle 12 dargestellt.

Tabelle 12
Klassifizierung des TFA der mit 29 Rationen gefütterten Gruppen auf Grund des analytischen Rohnährstoffgehaltes der Rationen

Rohprotein %	unter 17	17–17,99	18–18,99	über 19,00	*M*
n	2	4	11	12	29
TFA	2,87	2,87	2,74	2,73	2,76
s ±	0,26	0,10	0,18	0,09	0,46

Rohfaser %	unter 4,0	4,0–4,5	über 4,5	*M*
n	10	16	3	29
TFA	2,81	2,72	2,70	2,76
s ±	0,17	0,14	0,04	0,46

Trocken-substanz %	unter 89	über 89	*M*
n	9	20	29
TFA	2,80	2,74	2,76
s ±	0,23	0,09	0,46

Rohasche %	unter 6,00	6,00–6,99	7,00–8,00	über 8,00	*M*
n	9	7	11	2	29
TFA	2,75	2,83	2,71	2,81	2,76
s ±	0,16	0,19	0,08	0,04	0,46

Im folgenden soll über Untersuchungen zum Einfluß bestimmter Rohstoffe auf das Versuchsergebnis berichtet werden.
In der Tabelle 13 wurde varianzanalytisch der Einfluß von Weichweizen, Roggen, Zuckerschnitzel und Rapsextraktionsschrot (bis 2% maximal) auf den KMZ geprüft.

Tabelle 13
Varianztabelle III

Varianzursache	*SQ*	*FG*	s^2	*F*-Test	*P*
total	136378	115			
Versuchsgruppen	79729	28	2847,46	5,71	xxx
Weichweizen	773	1	773,00	1,55	–
Roggen	1606	1	1606,00	3,22	–
Zuckerschnitzel	12235	1	12235,00	24,53	xxx
Rapsextraktions-schrot	647	1	647,00	1,30	–

Ein statistisch zu sichernder Einfluß wurde nur durch die Zuckerschnitzelrationen verursacht. Die mit Zuckerschnitzel angereicherten Rationen bewirkten den durchschnittlich höchsten KMZ von 329 g und einen sehr geringen TFA von 2,73 (Tab. 14).

Tabelle 14
Vergleich des KMZ und des TFA der nach dem Rohstoffgehalt geordneten Rationen

Ration	n	KMZ g	TFA
Weizenrationen	8	312 ± 23	2,78 ± 0,07
Nicht-Weizenrationen	21	322 ± 30	2,76 ± 0,16
Roggenrationen	10	313 ± 15	2,78 ± 0,12
Nicht-Roggenrationen	19	321 ± 22	2,76 ± 0,16
Zuckerschnitzelrationen	14	329 ± 21	2,73 ± 0,10
Nicht-Zuckerschnitzel-rationen	15	309 ± 29	2,80 ± 0,18
Rapsextraktionsschrot-rationen	4	325 ± 5	2,68 ± 0,11
Nicht-Rapsextraktions-schrotrationen	25	318 ± 29	2,78 ± 0,13

7. Diskussion der Versuchsergebnisse

Durch die einzelnen Rohstoffe wurde kein wesentlicher Einfluß auf die Leistung der Tiere ausgeübt. Dabei muß berücksichtigt werden, daß z. B. Roggen in Auswertung eines früheren Versuches auf maximal 10% in den Rationen beschränkt wurde. Roggen in dieser Höhe in Kükenrationen eingemischt, scheint keine negative Wirkung auf die Leistung der Tiere auszuüben.

Obwohl aus der Literatur bekannt ist, daß Küken gegenüber Rapsextraktionsschrot verhältnismäßig unempfindlich sind, wurde der Einsatz auf maximal 1% beschränkt. In der Tendenz schneiden die Rapsextraktionsschrotrationen etwas günstiger ab, allerdings ist der Unterschied sowohl im KMZ als auch im TFA statistisch nicht zu sichern. Außerdem standen zur Auswertung nur 4 Rationen mit Rapsextraktionsschrot zur Verfügung. Der Einsatz von Zuckerschnitzelschrot von durchschnittlich 8% in Kükenrationen wirkt sich positiv aus.

Wesentlich stärker wirkt der Rohnährstoffgehalt der Rationen auf die Leistung der Küken.

Durch einen Unterschied von 1% im Trockensubstanzgehalt der Rationen wurde der KMZ der Küken um 5% verändert (Tab. 10). Dieses Ergebnis ist nicht überraschend, jedoch soll darauf verwiesen werden, daß für Mischfuttermittel keine Parameter für den Trockensubstanzgehalt existieren. Es ist bemerkenswert, daß mit sehr niedrigem Rohfasergehalt (unter 4%) die Leistung der Küken negativ beeinträchtigt wird. Das trifft auch zu, wenn die Rationsgruppe mit über 4,5% Rohfaser auf Grund der geringen Zahl von nur 3 Rationen aus der Betrachtung ausgeklammert wird. Danach sollte in Kükenrationen ein Mindestrohfasergehalt gesichert werden.

Die Untersuchungen zum Rohaschegehalt deuten darauf hin, daß der optimale Gehalt für Kükenaufzuchtfutter bei 7–8% liegt. Gehaltswerte darüber und darunter beantworten die Küken mit einem Leistungsrückgang.

Beim Rohproteingehalt zeigt sich ein Leistungssprung zwischen den Rationsgruppen mit 17,5 und 18,5% Rohprotein von etwa 10%. Eine weitere Erhöhung des Rohproteingehaltes über 19% ergab im vorliegenden Material keine Leistungserhöhung gegenüber den Rationen mit 18—19% Rohprotein.

Diese Versuchsergebnisse unterstreichen, daß hinsichtlich der Rohnährstoffgehalte bei der Auswahl und Herstellung optimaler Rationen nur geringe Toleranzen vom „Optimalgehalt" zugelassen werden dürfen.

Es ist notwendig, die Höhe der zulässigen Toleranzen für die einzelnen Rohnährstoffe systematisch auch für andere Tierarten und Leistungsrichtungen zu untersuchen.

Das Ergebnis der Wechselfütterung bestätigt auch in der Höhe frühere Ergebnisse, daß bei einem täglichen Wechsel der Rationen Küken mit einem Leistungsrückgang von etwa 8% reagieren. Deshalb sollte in der Praxis ein extremer Rationswechsel vermieden und der Rohnährstoffgehalt der Rationen ausgewogen gestaltet werden. Unter Berücksichtigung früherer Untersuchungen dürfte ein Rationswechsel höchstens alle 5 Tage erfolgen.

Zusammenfassung

Mit Hilfe der quadratischen Programmierung wurden Futterrationen für Küken optimiert, und in einem Fütterungsversuch mit Küken wurden 29 Rationen überprüft. Es zeigte sich, daß unter den gewählten Bedingungen die Rohstoffzusammensetzung der Rationen keinen wesentlichen Einfluß auf die Leistung der Tiere ausübte, Abweichungen vom Rohnährstoffgehalt zeigten jedoch einen erheblichen Einfluß auf die Leistung der Tiere. Um die Nachteile des Rationswechsels weitgehend einzuschränken, sollte der Wechsel nicht öfter als nach 5 Tagen erfolgen. Dabei muß auf einen möglichst gleichen Rohnährstoffgehalt der Rationen geachtet werden.

Резюме

Название работы: К оптимизации смешанных кормов для цыплят 2-ое сообщение:

При помощи квадратического программирования оптимировали кормовые рационы для цыплят. В опыте по кормлению цыплят изучали 29 рационов. Работы показали, что в данных условиях состав сырья рационов значительного влияния на продуктивность животных не эказывает, отклонения же по содержанию сырых питательных веществ значительно на нее влияли. С целью значительного ограничения недостатков замены рационов, ее следовало бы производить не чаще чем через пятидневные интервалы. При этом необходимо обеспечить по возможности одинаковое содержание в рационах сырых питательных веществ.

Summary

Title of the paper: On programming mixed feed formulas for chicks. 2nd Communication

Feed rations for chicks were formulated by means of quadratic programming. 29 rations were tested in a feeding trial with chicks. Under the conditions chosen, the ingredient composition of the rations was found to have no essential influence on the animals' performance. Variations in the content of crude nutrients, however, exerted a considerable influence on their performance. With a view of limiting largely the disadvantages of a change in rations, the change should not take place more oftenly than every 5 days. In doing so, a well balanced crude-nutrient content of the rations should be guaranteed.

Literatur

POPPE, S., RUTTLOFF, C.: Zur linearen Optimierung von Mischfuttermitteln. Arch. Geflügelzucht u. Kleintierkd. 14 (1965), S. 313–322

RUNGE, W.: Zur Theorie der quadratischen Optimierung. Wiss. Z. Univ. Rostock, Math.-nat. R., 16 (1967), S. 791–796

Anschrift der Verfasser

Prof. Dr. SIEGFRIED POPPE und Dipl.-Landwirt CLAUS RUTTLOFF
Sektion Tierproduktion
der Universität Rostock
25 Rostock, Justus-v.-Liebig-Str.
Dr. WALTER RUNGE
Sektion sozialistische Betriebswirtschaft
der Universität Rostock
25 Rostock, Klement-Gottwald-Str. 6

Arch. Geflügelzucht u. Kleintierkd. · Bd. 18 · 1969 · H. 1 · S. 21—32 · Berlin

Aus dem Institut für Geflügelzucht Rottenau
der Deutschen Akademie der Landwirtschaftswissenschaften zu Berlin

LOTHAR KOESLING

Ökonomische Untersuchungen zu dem Kostenfaktor Futter in der Broilermast

Eingegangen: 25. 7. 1968

1. Einführung

Die Sicherung des notwendigen Nähr- und Wirkstoffbedarfs für die Versorgung der Mastgeflügelbestände ist eine grundlegende Voraussetzung zur rentablen Erzeugung von Qualitätsmastgeflügel. Der immer breitere Raum, den der Komplex Fütterung in der Fachliteratur einnimmt, unterstreicht zugleich die ökonomische Bedeutung des Produktionsmittels Futter, das mit nahezu 50% — und teilweise bis 75% beträgt — als größter Kostenfaktor an den Erzeugungskosten der Broilermast beteiligt ist. Aus der jüngsten Entwicklung resultieren daher verstärkte Forderungen seitens der Landwirtschaftsbetriebe an die Mischfutterindustrie zur Bereitstellung nährstoffintensiver und vollwertiger Fertig-Mischfuttermittel. MICEK (1966) weist auf die Notwendigkeit zum Ausgleich der Futterbilanz als entscheidenden Faktor hin, der die Steigerung der Geflügelproduktion maßgeblich beeinflußt und künftig seinen Einfluß auf die gesamte Ökonomik dieses Zweiges in den sozialistischen Ländern ausüben wird. Diese Frage steht bereits heute vor jedem Mastbetrieb in der Deutschen Demokratischen Republik. Die Problemstellung und die Lösung der Aufgaben, die von der sich im Aufbau befindlichen Mischfutterindustrie zu bewältigen sind, werden von kompetenter Seite eingehend konkretisiert (u. a. KOCH, 1966; DYNOWSKI, 1967; RUTTLOFF, 1967). Umfangreiche staatliche Investitionen sind jedoch nur dann volkswirtschaftlich gerechtfertigt, wenn durch den forcierten Mischfuttereinsatz eine Erhöhung der Futtereffektivität und damit gleichzeitig eine Kostensenkung einhergeht.

Bezugnehmend auf die Mastrezepturen bringt MEHNER (1962) zum Ausdruck, daß es trotz Einsatz modernster rechentechnischer Hilfsmittel noch keine optimale Futterzusammensetzung gibt und sagt weiter: „. . . Das meiste ist Empirie, die systematische Auswertung vieler Tausende von Mastversuchen und die Erfahrungen der Mästerpraxis . . .“

WEGNER (1966) und NESHEIM (1966) betonen, daß ein Einfluß der Herkunft — der genetischen Veranlagung der Tiere — auf die Ausnutzung der Futterration besteht, d. h., daß verschiedene Herkünfte die Futtermischung unterschiedlich auszunutzen imstande sind. Daraus ergibt sich die Notwendigkeit, laufend Futterrezepturen im Fütterungsversuch an Mastpopulationen exakt zu prüfen, um bei vorgegebenen Parametern aussagekräftige Garantieleistungen übernehmen zu können.

Die Mischfutterindustrie unternimmt gegenwärtig Anstrengungen, um mittels der linearen Programmierung eine Minimierung der Kosten je Futtereinheit zu erwirken. Diese Methode allein führt jedoch nicht zu minimalen Futterkosten je Einheit Massezuwachs, die im Endeffekt von Bedeutung für die Rentabilität sind. Vielmehr müssen neben dem Futtermittelpreis für eine komplexe Beurteilung gleichfalls Rohverwertung und Mastendmasse herangezogen werden (HENCKEN, 1967)

Während HÄRTEL (1967) in seinen Versuchen bei steigendem Eiweißgehalt nach Erreichen des Optimums ein Abfallen der Leistungen ermittelte, veränderten sich diese in Abhängigkeit der Energiekonzentration weitgehend linear, woraus zu folgern ist, daß bei höherer Energiekonzentration bzw. höherem Futterverzehr und entsprechender genetischer Veranlagung eine weitere Leistungssteigerung erwartet werden kann.

2. Material

Im Jahre 1967 wurden in neun sozialistischen Landwirtschaftsbetrieben des Bezirkes Magdeburg umfangreiche ökonomische Untersuchungen in der Broilermast angestellt. Die untersuchten Betriebe (sieben LPG und zwei VEG) gehören kapazitätsmäßig zu den größten Mastbetrieben der Deutschen Demokratischen Republik, haben jedoch keine einheitliche Produktionsstruktur. Sie erzeugten insgesamt 1010164 Broiler (etwa 7% des DDR-Aufkommens) = 1445,2 t Lebendgeflügel und hatten einen Anteil von 39,8% am staatlichen Aufkommen Lebendbroiler des Bezirkes. Die Jahresproduktion der einzelnen Betriebe bewegt sich zwischen 30,6 und 301,9 t Lebendbroiler.

Tabelle 1

Produktions- und aufwandseitige Kennzahlen der Broilermast
– Betriebe A bis I 1967 –

Betrieb	Lebend-broiler-produkt. t	Erlös M/kg	Kosten M/kg	dar. Futter-kosten %	Kosten-satz %	$\bar{x}$ Mastend-masse g/Tier	$\bar{x}$ tägl. Zunahme g/Tier
A	301,9	6,02	3,87	48,8	64,3	1422	20,2
B	285,3	5,87	3,43	47,1	58,4	1523	23,3
C	196,0	5,51	4,56	46,7	82,7	1496	19,0
D	175,3	5,67	4,70	49,6	82,8	1312	15,3
E	165,9	5,80	4,13	44,3	71,2	1432	19,8
F	121,7	5,41	5,00	51,1	92,4	1266	15,0
G	103,5	6,03	3,52	47,0	58,5	1618	22,2
H	65,0	5,81	3,91	47,9	67,3	1450	18,8
I	30,6	5,24	6,23	37,5	118,8	1201	13,0
$\bar{x}$/	1445,2	5,78	4,13	47,6	71,5	1431	19,0

Das eingesetzte Tiermaterial stammt zu 78,4% (925532 Stück) aus dem Institut für Geflügelzucht Rottenau und zehn Vermehrungsbetrieben des Bezirkes Magdeburg. Da letztere die Elternküken aus dem Institut für Geflügelzucht Rottenau beziehen, geht die Herkunft der Broilerküken in der Großelterngeneration genetisch auf einen Ausgangsbetrieb zurück. Die übrigen Broilerküken wurden

Tabelle 2
Futtermitteleinsatz und Kosten — Betriebe A bis I insgesamt 1967

Futtermittelart	Verbrauch dt	Anteil %	Kosten/dt M
1 Broilermastalleinfutter	27245,5	52,48	59,29
2 Broilerstarterfutter	3027,7	5,83	63,58
3 Kükenaufzuchtfutter	1708,6	3,29	51,47
4 Legehennenalleinfutter	45,0	0,09	45,39
5 Konzentrat für Legehennen	1894,4	3,65	47,32
6 Putenaufzuchtfutter	210,0	0,40	72,35
7 Zuchtputenfutter	200,0	0,38	66,17
8 Mastentenalleinfutter	256,7	0,49	48,25
9 Entenstarterfutter	50,0	0,10	50,35
10 Konzentrat für Mastenten	292,5	0,56	47,56
11 Schweinemischfutter	250,0	0,48	39,75
12 Konzentrat für Sauen	26,1	0,05	43,20
13 Getreide, div.	9716,5	18,72	39,93
14 Mais	4416,9	8,51	37,10
15 Kleie	33,8	0,07	17,49
16 Haferflocken	46,4	0,09	123,06
17 Zuckerschnitzel	285,0	0,55	31,40
18 Grünmehl	88,0	0,17	19,26
19 Erbsen	76,6	0,15	141,90
20 Bohnen	63,0	0,12	74,88
21 Lupinen	226,9	0,44	167,40
22 Wicken	7,0	0,01	40,00
23 Eiweißkonzentrat	59,8	0,12	66,60
24 Fischmehl	791,9	1,53	59,72
25 Tierkörpermehl	50,7	0,10	39,00
26 Blutmehl	121,8	0,24	100,71
27 Fischölemulsion	34,4	0,07	77,65
28 Futterhefe	32,4	0,06	70,25
29 Magermilchpulver	114,8	0,22	161,87
30 Mastapan	68,0	0,13	92,00
31 Legapan	133,7	0,26	196,92
33 Kälpan	1,7	0,00	651,11
33 Paprika	1,0	0,00	560,57
34 Traubenzucker	0,7	0,00	342,86
35 Hundekuchen	23,0	0,04	66,63
36 Mykostin	38,0	0,07	276,73
37 Mineralstoffgemische	276,9	0,53	61,44
insgesamt	51915,4	100	54,68

Futterkosten/kg Lebendgeflügel Broiler	1,96 M
Rohverwertung	3,59

überbezirklich bezogen. In der Tab. 1 werden einige Kennzahlen zusammengefaßt dargestellt. Die Erlöse (Bruttoumsatz) und Kosten sind jeweils je kg Lebendgeflügel bezogen.

3. Untersuchungsergebnisse

Die Zusammenstellung der eingesetzten Futtermittel (Tab. 2) gibt Aufschluß darüber, mit welchen Schwierigkeiten derzeitig die Futterversorgung der Geflügelbestände noch behaftet ist, was nicht ohne Auswirkungen auf das Kostengefüge bleibt. Wenn berücksichtigt wird, daß in der Zeile 13 alle vier Getreidearten und auch Gemenge zum Einsatz kamen, so erhöht sich die Anzahl der Futterarten bzw. -gemische auf über 40. Allein in den Betrieben C und D fanden etwa 20 verschiedene Futtermittel Verwendung. Demgegenüber brachten die Betriebe A und G jeweils nur 3 Futtermittel zum Einsatz.

Der sonstige Verbrauch in der Zeile 20 (Tab. 2a—c) beinhaltet neben Grit und Mineralstoffen gleichzeitig Kosten, die sich durch die Anwendung betrieblicher Verrechnungspreise für Zukauffuttermittel zum Jahresende ergaben (Differenz

Tabelle 2a

Futtermitteleinsatz und Kosten — Betriebe A bis I 1967

Futtermittelart	Betrieb A		Betrieb B		Betrieb C	
	Anteil %	Kosten M/dt	Anteil %	Kosten M/dt	Anteil %	Kosten M/dt
1 Broilermastalleinfutter	90,8	58,92	46,1	59,20	41,2	61,87
2 Broilerstarterfutter	9,2	63,50	3,6	61,77	10,2	61,93
3 Kükenaufzuchtfutter	—	—	1,3	53,44	—	—
4 Legenhennenalleinfutter	—	—	—	—	0,2	43,50
5 Konzentrat für Legehennen	—	—	6,4	45,55	5,8	49,72
6 Mastentenmischfutter	—	—	—	—	5,1	47,39
7 Getreide, div.	—	—	15,6	46,77	23,7	34,34
8 Mais	—	—	23,3	38,59	8,8	32,72
9 Kleie, div.	—	—	—	—	0,4	17,49
10 Grünmehl	—	—	—	—	0,2	36,41
11 Konzentrat für Sauen	—	—	—	—	0,0	42,40
12 Wicken	—	—	—	—	0,1	40,00
13 Eiweißkonzentrat	—	—	—	—	0,2	65,31
14 Fischmehl	—	—	2,7	58,21	1,4	64,40
15 Blutmehl	—	—	—	—	1,3	100,00
16 Fischölemulsion	—	—	—	—	0,0	150,00
17 Magermilchpulver	—	—	0,3	193,19	0,4	115,04
18 Futterhefe	0,0	95,67	—	—	—	—
19 Mastapan, Legapan	—	—	0,6	184,34	0,3	199,00
20 sonst. Verbrauch	—	—	0,1	—	0,7	—
insgesamt (%) bzw. $\bar{x}$ (M)	100	59,35	100	52,87	100	53,52
Futterkosten je kg Lebendgeflügel Broiler (M)	1,89		1,62		2,13	
Rohverwertung	3,19		3,06		3,98	

Tabelle 2b

Futtermittelart	Betrieb D		Betrieb E		Betrieb F	
	Anteil %	Kosten M/dt	Anteil %	Kosten M/dt	Anteil %	Kosten M/dt
1 Broilermastalleinfutter	35,6	58,61	36,8	57,87	43,8	61,18
2 Broilerstarterfutter	1,2	64,84	4,1	66,82	7,3	65,28
3 Kükenaufzuchtfutter	–	–	3,2	51,17	11,8	52,44
4 Putenmischfutter, div.	2,8	72,61	–	–	3,7	66,17
5 Konzentrat für Legehennen	3,3	45,94	10,7	49,26	–	–
6 Mastentenmischfutter, div.	1,9	50,01	–	–	–	–
7 Schweinemischfutter	2,8	35,50	–	–	–	–
8 Getreide, div.	35,1	40,04	29,5	40,19	18,7	40,17
9 Mais	3,1	37,50	10,6	37,01	8,3	37,00
10 Haferflocken	0,6	123,06	–	–	–	–
11 Zuckerschnitzel	1,8	24,65	–	–	2,8	37,06
12 Grünmehl	1,0	15,00	–	–	–	–
13 Hülsenfrüchte	4,9	146,17	–	–	–	–
14 Fischmehl, Blutmehl	3,0	64,26	1,6	49,98	1,0	63,01
15 Eiweißkonz. Tierkörperm.	0,9	50,18	–	–	–	–
16 Magermilchpulver	0,3	192,50	–	–	0,5	164,43
17 Mastapan, Legapan, Kälpan	0,0	190,00	1,2	111,72	0,8	217,43
18 Futterhefe, Fischöl-emulsion	0,2	67,40	0,7	72,41	0,0	89,38
19 Hundekuchen	0,3	66,63	–	–	–	–
20 sonst. Verbrauch	1,2	–	1,6	–	1,3	–
insgesamt (%) bzw. x (M)	100	55,09	100	50,36	100	56,27
Futterkosten je kg Lebendgeflügel Broiler (M)	2,33		1,83		2,56	
Rohverwertung	4,23		3,64		4,55	

aus Einkaufs- und Verrechnungspreisen). Daher werden auch keine Kosten je dt Futtermittel ausgewiesen.

Bei der Betrachtung der finanziellen und materiellen Kennzahlen des Kostenfaktors Futter müssen neben den Mängeln in der Futterbereitstellung weitere Kriterien, wie u. a. Tiermaterial, Verlustquote, Mastdauer, Stallklima, Futter- und Tränkeeinrichtungen, Tierhygiene, Betreuung, Berücksichtigung finden, so daß gute wie auch mäßige Ergebnisse vielfältig bedingt sind.

Die Futterkosten je kg Lebendgeflügel haben keine Beziehung zur Mastendmasse (vgl. Tab. 1), was theoretisch zu erwarten wäre. Die Betriebe mit den niedrigsten Futterkosten (B und G) haben gleichzeitig die höchsten Mastendmassen. Das Gegenteil trifft für beide Kennzahlen bei den Betrieben I und F zu, die auch die längste Mastdauer aufweisen. Die absolute Höhe der Futterkosten hängt nicht vom Umfang der Produktion ab, was aus der Rangfolge der Betriebe (Tab. 3) zu ersehen ist.

Beim Vergleich der Futterkosten mit der Rohverwertung ergeben sich vier Gruppen:

Tabelle 2c

Futtermittelart	Betrieb G Anteil %	Betrieb G Kosten M/dt	Betrieb H Anteil %	Betrieb H Kosten M/dt	Betrieb I Anteil %	Betrieb I Kosten M/dt
1 Broilermastalleinfutter	93,2	58,32	50,8	57,50	7,6	62,29
2 Broilerstarterfutter	5,8	63,90	5,6	66,25	–	–
3 Kükenaufzuchtfutter	–	–	28,6	49,95	7,2	53,04
4 Legehennenalleinfutter	1,0	46,33	–	–	–	–
5 Putenaufzuchtfutter	–	–	0,2	75,40	–	–
6 Konzentrat für Mastenten	–	–	–	–	3,7	48,18
7 Schweinemischfutter	–	–	–	–	2,4	41,07
8 Konzentrat für Sauen	–	–	1,0	43,33	–	–
9 Getreide, div.	–	–	11,2	40,00	52,0	40,00
10 Mais	–	–	–	–	22,9	37,30
11 Eiweißkonzentrat	–	–	–	–	0,5	64,14
12 Fischmehl	–	–	1,3	62,88	2,8	60,44
13 Tierkörpermehl	–	–	0,6	48,93	–	–
14 Blutmehl	–	–	–	–	0,9	103,40
15 Magermilchpulver	–	–	0,5	169,89	–	–
16 Legapan	–	–	0,1	192,50	–	–
17 Traubenzucker	–	–	0,0	342,86	–	–
18						
19						
20 sonst. Verbrauch	–	–	0,1	–	–	–
insgesamt (%) bzw. $\bar{x}$ (M)	100	58,55	100	54,91	100	43,74
Futterkosten je kg Lebendgeflügel Broiler (M)	1,66		1,87		2,33	
Rohverwertung	2,83		3,41		5,34	

Tabelle 3

Gegenüberstellung der Futterkosten je kg Lebendgeflügel mit der Rohverwertung und den durchschnittlichen Futtermittelkosten (Futtermittelpreis) je dt – Betriebe A bis I 1967

Betrieb	Futterkosten M	Futterkosten rel.*	Rohverwertung kg	Rohverwertung rel.*	Futtermittelkosten M	Futtermittelkosten rel.*
B	1,62	1/100	3,06	2/108	52,87	3/121
C	1,66	2/103	2,83	1/100	58,55	8/134
E	1,83	3/113	3,64	5/129	50,36	2/115
H	1,87	4/115	3,41	4/121	54,91	5/126
A	1,89	5/117	3,19	3/113	59,35	9/136
C	2,13	6/131	3,98	6/141	53,52	4/122
D	2,33	7/144	4,23	7/150	55,09	6/130
I	2,33	8/144	5,34	9/189	43,74	1/100
F	2,56	9/158	4,55	8/161	56,27	7/129
$\bar{x}$	1,96	–	3,59	–	54,68	–

* Die Relativwerte beziehen sich auf die Rangfolge entsprechend der Rohverwertung bzw. den Futtermittelkosten.

die Betriebe B und G vertauschen die Rangfolge;
die Betriebe E und A vertauschen die Rangfolge, der Betrieb H verbleibt auf seinem Platz;
die Betriebe C und D verbleiben auf ihren Plätzen;
die Betriebe I und F vertauschen die Rangfolge.

Daraus resultiert, daß den Futterkosten auf einem bestimmten Niveau eine entsprechende Rohverwertung zukommt oder umgekehrt. Im Prinzip wäre es bei standardisierten Futtermitteln — wie beispielsweise beim alleinigen Einsatz von Broilerstarter- und Broilermastalleinfutter, die jeweils nur mit minimalen Preisspannen im Handel sind — nicht anders zu erwarten, d. h., daß mit der Verbesserung der Rohverwertung gleichlaufend eine Degression der Futterkosten einhergeht.

Die Spanne in der Rohverwertung von 100% (bester Betrieb) bis 189% wird über den Futtermittelpreis bei den Futterkosten je kg Lebendgeflügel auf 100% zu 158% herabgemindert, so daß der Futtermittelpreis, der in der Regel mit zunehmendem Mischfutteranteil ansteigt, die Varationsbreite der Futterkosten verringert.

Die hohen Futterkosten und damit verbunden die Rohverwertung der unter dem Mittel liegenden Betriebe C, D, I und F haben unterschiedliche Ursachen. Während im Betrieb C die stallbaulichen und -klimatischen Bedingungen unzureichend sind, was sich durch die hohe Verlustquote (17,2%) verstärkt, wirkte sich im Betrieb D besonders im ersten Halbjahr die ungünstige Futterversorgung nachteilig aus, so daß man auch auf Hülsenfrüchte zurückgegriffen hat (vgl. den hohen Durchschnittspreis je dt in Tab. 2b, Zeile 13).

Im Betrieb I sind neben den Haltungsbedingungen die völlig unzureichende Mischfutterversorgung und damit im Zusammenhang die hohe Verlustquote (45,6%) Hauptursachen für die überdurchschnittlichen Futterkosten und die abnorme Höhe der Rohverwertung.

Die hohen Aufwendungen im Betrieb F basieren zum größten Teil auf mangelnder Leitungstätigkeit, was auch in anderen Betrieben bisher nicht unbeachtliche Reserven in sich birgt. Auf Grund einer Zwischenbilanz wurden bereits im August 1967 Maßnahmen zur Verbesserung der Ergebnisse in der Broilermast festgelegt, die zum Jahresende ergebnismäßig wirksam in Erscheinung traten.

Die monatlichen Ergebnisse des Betriebes G (Tab. 4) zeigen, welche Leistungsreserven noch vorhanden sind und wie diese im Verlaufe eines Jahres derzeitig durch die bessere Gestaltung der Umweltbedingungen besonders in der Rohverwertung sichtbar mobilisiert werden können. Dabei wurde die durchschnittliche tägliche Zunahme annähernd linear von 19,5 g im Januar auf 24,6 g im Dezember um 5,1 g je Tier = 26,2% gesteigert. Voraussetzung für diese Vergleichsanstellung ist eine volle und kontinuierliche Mischfutterversorgung. In den Ergebnissen kommt gleichzeitig das züchterische Leistungspotential des bodenständigen Tiermaterials besser zum Ausdruck, welches es gilt, in allen Praxisbetrieben effektiv auszuschöpfen.

Tabelle 4
Ausgewählte Kennzahlen aus den 12 Durchgängen der Broilermast — Betrieb G 1967*

Monat	ausgestallt Stück**	Mast-endmasse g/Tier	Mastdauer Tage	Roh-verwertung kg
Januar	4840	1596	82	3,11
Februar	3999	1593	81	3,04
März	5345	1677	77	3,01
April	5057	1588	75	2,84
Mai	4866	1474	71	2,80
Juni	4911	1632	74	2,65
Juli	5889	1636	73	2,69
August	4833	1550	71	2,53
September	6373	1695	73	2,70
Oktober	6780	1718	73	2,63
November	4740	1759	75	2,55
Dezember	4796	1794	73	—***
insgesamt	62360	1647	74	2,85

* Hierbei handelt es sich um die Werte aller im Jahre 1967 vermarkteten Mastdurchgänge.
** Verluste = 6,7% im Mittel.
*** Durch den Einbau einer Rohrfütterungsanlage war keine Ermittlung der Rohverwertung möglich.

Im Betrieb A, wo ebenfalls eine volle und kontinuierliche Mischfutterversorgung garantiert war, hatte die Rohverwertung bei der Vielzahl der Mastdurchgänge in kleinen Masteinheiten im Verlaufe des Jahres eine Variationsbreite von 2,56 bis 4,16. Es sei darauf hingewiesen, daß vielfach die Mischfutterqualität noch unbefriedigend ist, was auch von Knape (1967) mit Ergebnissen aus dem Tierversuch an Vergleichsfuttermitteln in der staatlichen Futtermittelprüfung belegt wurde.

Die für die Planung in den VEG vorgenommene Futterbilanzierung nach Nährstoffwerten (Norm für 100 kg Massezuwachs = 231 kg-Stw. mit 51 kg verd. Rohprotein) hat nur seine Berechtigung, wenn in der Broilermast das entsprechende Spezialmischfutter zum Einsatz kommt. Der Stärkewertaufwand je 100 kg Lebendmasse in Tab. 5 zeigt, daß nur die ersten drei Betriebe die Futtervorgabe „eingehalten“ haben.

Bei Betrachtung der durchschnittlichen Stw. je 100 kg Futteraufwand erscheint daher auf Grund der hohen Stw. für die „Austauschfuttermittel“ die Anwendung dieses Maßstabes unter den gegenwärtigen Bedingungen für die Futterbilanzierung der Broilermast nicht gerechtfertigt.

Andererseits bringt die Planung und Abrechnung der Futtermittel auf der Stw.-Basis gegenüber der Rohverwertung bei alleinigem Einsatz von Spezialmischfutter lediglich eine Kürzung des Ausgangswertes von 1,0 (1 kg Futtermittel) auf 0,71 (0,71 kg-Stw. je kg Futtermittel). Die Frage, ob Stw. oder GN (Gesamtnährstoffe), hat zumindestens für die Broilermast keine wesentliche Bedeutung, da beide Spezialmischfutter in der Bewertung jeweils mit 0,71 identisch sind.

Tabelle 5
Gegenüberstellung der Rohverwertung mit dem Stw.-Aufwand je 100 kg Lebendmassezuwachs und die durchschnittlichen Stw. je 100 kg Futtermittel – Betriebe A bis I 1967

Betrieb	Rohverwertung	Stw.-Aufwand	$\bar{x}$ Stw.
G	2,83	200,9	71,0
B	3,06	214,5	70,1
A	3,19	226,5	71,0
H	3,71	236,0	69,2
E	3,64	244,6	67,2
C	3,98	272,2	68,4
D	4,23	284,2	67,2
F	4,55	313,0	68,8
I	5,34	363,1	68,0
$\bar{x}$	3,59	247,9	69,0

Bei Anwendung des von WERNER (1964) genannten futterorientierenden GV-Schlüssels „GV (f)" für die Planung und Abrechnung der Futtermittel in den Betrieben der sozialistischen Landwirtschaft wird auf Grund der schnellen Leistungsentwicklung der Broilerproduktion in den letzten Jahren vorgeschlagen, diesen von 0,01 bzw. 0,008 auf 0,0067 (abgerundet) 0,007) abzuändern.
Berechnungsgrundlage:

$$2{,}13 \times 1{,}5 \times 5 = 16$$
$$2400 : 16 = 150$$
$$1 \text{ GV (f)} : 150 = 0{,}0067$$

2,13 = Reproduktionswert, Stw.-Aufwand/kg Massezuwachs (Rohverwertung = 3,0; Stw./kg Spezialmischfutter = 0,71);
1,5 = Mastendmasse/Tier in kg;
5 = Mastdurchgänge jährlich = 73 Tg./Mastdurchgang (9 Wochen Mastdauer und 10 Tage Serviceperiode);
16 = jährlicher Stw.-Aufwand/Durchschnittstier (Broiler) in kg;
2400 = Stw./GV (f) in kg;
150 = Tiere/GV (f) bei 16 kg Stw./Durchschnittstier;
0,0067 = GV (f) – Schlüssel (Broiler)

4. Schlußfolgerungen

Die Bedeutung des Kostenfaktors Futter wurde schon mehrfach unterstrichen. Dabei gilt es, in jedem Betrieb die vielfältig vorhandenen Reserven zu nutzen, welche auf Grund des hohen Kostenanteils unmittelbar ergebniswirksam werden.

Die größten Möglichkeiten liegen in der Verbesserung der baulichen Voraussetzungen, der technischen Ausrüstung und der kontinuierlichen Mischfutterversorgung sowie in der Senkung der Verlustquote und der Verkürzung der Mastdauer. Es zeigt sich, daß das vorhandene genetische Leistungspotential des Tiermaterials in den meisten Praxisbetrieben bei weitem noch nicht ausgeschöpft wird. Aus den Untersuchungen geht verstärkt hervor, daß erhebliche Einsparungen in der Broilermast durch zielstrebige und sachkundige Leitungstätigkeit ermöglicht werden.

Auf Grund des hohen Kostenanteils von nahezu 50% hängt der Erfolg in der Broilermast im entscheidenden Maße vom Einsatz vollwertiger Mischfuttermittel ab, die für die industriemäßige Produktion sowohl zeitlich als auch qualitätsmäßig kontinuierlich mit Garantieparametern bereitgestellt werden müssen.

Hinzu kommt, daß Beziehungen zwischen dem Anteil an Spezialmischfutter und der Klassifizierung der Broiler (Einstufung in die Güteklasse I) bei der Vermarktung festgestellt wurden.

Die Substitution der Spezialfuttermittel durch andere ist teuer und verursacht darüber hinaus weitere Verlustquellen. Bei der Verbesserung der Futtermittel sollte preislich eine Relation mit den Inhaltsstoffen (Energiekonzentration) gewahrt bleiben, da sich letztlich der Erfolg über die Futterkosten je Energieeinheit bzw. je Einheit Massenzuwachs realisiert.

Die Futtermittelplanung und -abrechnung nach Stärkewerten ist unter den gegenwärtigen Bedingungen abzulehnen; andererseits bringt sie gegenüber der Rohverwertung bei alleinigem Einsatz von Spezialmischfutter lediglich eine Änderung des Ausgangswertes. Die Frage, ob die Bilanzierung nach Stw. oder GN vorgenommen wird, hat für die Broilermast keine Bedeutung. Bei Anwendung des futterorientierenden GV-Schlüssels „GV(f)" müßte dieser eine Abänderung auf 0,0067 (abgerundet 0,007) erfahren.

Zusammenfassung

Die Analyse der Mast von 1010164 Broilern (etwa 7% des DDR-Aufkommens) in neun Betrieben im Jahre 1967 erbrachte im Mittel einen Kostenanteil der Futtermittel von 47,6% der Gesamtkosten. Bei einem Anteil von 58,5% Broilerstarter- und Broilermastalleinfutter sowie durchschnittlichen Kosten von 54,68 M je dt eingesetzter Futtermittel werden im Mittel 1,96 M Futterkosten je kg Lebendgeflügel ermittelt, wobei die Variationsbreite zwischen 1,62 und 2,56 M liegt. Die Rohverwertung schwankt bei einem Mittel von 3,59 zwischen 2,83 und 5,34. Insgesamt kamen über 40 verschiedene Futterarten bzw. -gemische zum Einsatz. Es werden einige Kriterien der Futtermittelplanung und -abrechnung untersucht sowie Hinweise für einen rationellen Futtereinsatz gegeben.

Резюме

Название работы: Экономические исследования стоимости корма при откорме бройлеров

В 1967 году путем анализа откорма 1010164 бройлеров (примерно 7% общей их численности в ГДР) в новых хозяйствах было установлено, что корма участвуют в общей стоимости в размере 47,6%. При 58,5% начального корма и корма предусмотренного исключитечьно для откорма бройлеров и при средних расходах 54,68 марок на 1 центнер использованных кормов стоимость корма равняется в среднем 1,96 маркам на 1 килограмм живого веса птицы, причем этот показатель варьирует в пределах 1,62 и 2,56 марок. Оплата корма колеблется при среднем показателе 3,59 между 2,83 и 5,34. В общем, использовали свыше 40 различных видов кормов или кормовых смесей. Приведены нокеторые критерии планирования и расчета кормов, а также рекомендации по рациональному их использованию.

Summary

Title of the paper: Economic studies on feed as a cost factor in broiler fattening
In 1967, the fattening of 1,010,164 broilers (about 7 per cent of the GDR's total output) in nine units was analized. The feed consumed was found to make up 47.6 per cent of the total costs. When the proportion of starter feed and exclusive broiler fattening feed was 58.5 per cent and the average cost of 1 dt of feedstuffs amounted to 54.68 marks, the mean feed cost per kg of live weight came to 1.96 marks varying between 1.62 and 2.56 marks. Conversion of crude nutrients was found to vary between 2.83 and 5.34 with the average value being 3.59. A total of 40 different feeds and feed mixtures was used. Some criteria on feedstuff planning and balancing as well as indications for a rational use of feeds are given.

Literatur

DYNOWSKI, A.: Neue Maßnahmen zur Sicherung und Steigerung der Qualität industriell hergestellter Mischfuttermittel. Tierzucht 21 (1967), S. 320–324

HÄRTEL, H.: Untersuchungen über den Futterwert von Broilerrationen in Abhängigkeit vom Eiweiß-Energieverhältnis und von der Energiekonzentration. Kraftfutter (1967), S. 626–632

HENCKEN: Beurteilung des Futters in der Junggeflügelmast. Tierzüchter 19 (1967), S. 567–571

KNAPE: Durchführung und Ergebnisse der Prüfung von Mischfuttermitteln für Geflügel im Tierversuch als Bestandteil der staatlichen Futtermittelprüfung. Wissenschaftliche Vortragstagung „Fragen neuzeitlicher Geflügelzucht und -haltung", Karl-Marx-Universität und DAG Leipzig, 25. 11. 1967

KOCH, H.: Sozialistische Marktbeziehungen und Agrarpreise. Band II, Berlin, VEB Dt. Landwirtschaftsverl. 1966, S. 120–205

KOESLING, L.: Analyse der Broilermast in drei landwirtschaftlichen Produktionsgenossenschaften des Bezirkes Magdeburg. Arch. Geflügelzucht und Kleintierkunde 16 (1967), S. 231–250

KOESLING, L.: Analyse der Broilermast in Großbeständen der sozialistischen Landwirtschaft mit Schlußfolgerungen für den weiteren Aufbau einer Broilerproduktion unter besonderer Berücksichtigung von Kooperationsbeziehungen im Bezirk Magdeburg. Berlin, Dt. Akad. Landwirtsch.-Wiss., Diss. 1968, 200 S.

MEHNER, A.: Lehrbuch der Geflügelzucht. Hamburg und Berlin, Verl. Paul Parey, 1962, S. 344

MICEK, J.: Die industrielle Geflügelhaltung und die Perspektiven ihrer Entwicklung. Internationale Z. d. Landwirtschaft 1966, S. 127–130

NESHEIM, M. C.: Genetic variations in nutrient requirements (Genetisch bedingte Veränderungen im Nährstoffbedarf). World's Poultry Sci. J. 22 (1966), S. 290 bis 298

RUTTLOFF, C.: Zur Optimierung von Mischfuttermitteln. Agroforum 1967, S. 26—30

WEGNER, R. M.: Die Ausnutzung verschiedener Futterrationen durch unterschiedliche Herkünfte von Legehennen und Mastküken. Arch. Geflügelkd. 1966, S. 443—453

WERNER, K.: Kennzahlen zur Beurteilung der Organisation und Leistung arbeitsteilig wirtschaftender sozialistischer Landwirtschaftsbetriebe. Arbeiten aus dem Institut für landw. Betriebs- und Arbeitsökonomik Gundorf der DAL zu Berlin und dem Institut für Betriebs- und Arbeitsorganisation in der Landwirtschaft der Karl-Marx-Universität Leipzig, H. 4, 1964

o. V.: Erläuterungen zum VEG-Plan und den betrieblichen Arbeitsunterlagen zum Plan 1968. Herausgegeben von der Produktionsleitung des Landwirtschaftsrates der DDR

Anschrift des Verfassers

Dr. LOTHAR KOESLING
Institut für Geflügelzucht Rottenau
der Deutschen Akademie der Landwirtschaftswissenschaften zu Berlin
3404 Rottenau, Post Loburg

Arch. Geflügelzucht u. Kleintierkd. · Bd. 18 1969 · H. 1 · S. 33–49 · Berlin

Aus dem Institut für Tierzucht und Milchwirtschaft
der Sektion Tierproduktion der Friedrich-Schiller-Universität Jena

HEINZ PINGEL und MARGOT BOCK

Untersuchungen über alters- und geschlechtsbedingte Differenzen im Fleischansatz und in der Fleischbeschaffenheit bei Broilern und Puten

Eingegangen: 4. 7. 1968

Die ständige Selektion auf hohe Wachstumsintensität verbunden mit hohem Fleischbildungsvermögen führte zur Verkürzung der Mastdauer und damit zur Verbesserung der Futterverwertung. Die Vorverlegung des Schlachtzeitpunktes läßt es notwendig erscheinen, der Fleischbeschaffenheit mehr Aufmerksamkeit zu schenken. Immerhin gibt es Hinweise, daß altersbedingte Unterschiede in der Fleischbeschaffenheit bestehen. Jüngere Tiere sollen ein ungünstigeres Safthaltevermögen aufweisen als ältere Tiere, wie SCHÖN und SCHEPER (1960) sowie LOHSE (1961) an Rindfleisch nachweisen konnten. Zum anderen haben jüngere Tiere dünnere Muskelfasern als ältere, wie den Arbeiten von NESENI und MÜLLER (1955) sowie von STEINHAUF (1961) zu entnehmen ist. Die Fleischfarbe ist nach SCHÖN und SCHEPER (1961) bei Fleisch von jüngeren Rindern heller.

Im Rahmen dieser Arbeit wurde der Einfluß des Alters auf das Fleischbildungsvermögen sowie auf bestimmte Fleischeigenschaften bei Broilern und Puten unter gleichzeitiger Berücksichtigung des Geschlechts untersucht. Da Brust und Schenkel als wertvollste Fleischpartien beim Geflügel anzusehen sind, wurde auch geprüft, in welchem Maße die Eigenschaften des Brust- und Schenkelfleisches dieser beiden Geflügelarten differieren.

1. Tiermaterial und Versuchsmethodik

Das für die Untersuchungen verwendete Tiermaterial, dessen Haltung und Fütterung sowie die Methodik der Ausschlachtung und der Feststellung der Fleischeigenschaften werden im folgenden beschrieben.

Bei den untersuchten Broilern handelt es sich um Hybriden der Kombination Cornish × White Rock aus der MPA Altenberga (Beschicker: Institut für Geflügelzucht Rottenau). Die Tiere wurden ohne Geschlechtertrennung in Warmställen nach den standardisierten Bedingungen für die Mastleistungsprüfung aufgezogen. Im Alter von 8 bzw. 10 Wochen wurden nach den äußeren Geschlechtsmerkmalen jeweils 25 männliche und 25 weibliche Masthybriden zufallsmäßig für die Untersuchungen ausgewählt.

Für die Untersuchungen bei Puten konnten Tiere der Rasse Weiße Moskauer aus der LPG Wolfersdorf verwendet werden. Es wurden jeweils 25 Puter im

Alter von 20 und 28 Wochen sowie jeweils 22 Puten im Alter von 18 und 24 Wochen ausgeschlachtet. Nach anfänglicher Alleinfütterung mit dem Putenaufzuchtfutter wurden den Tieren mit zunehmendem Alter steigende Körnerrationen verabreicht. Die Haltung erfolgte bis zum Alter von 8 bis 10 Wochen in Warmställen und danach in Hütten mit Waldauslauf. Bei allen ausgeschlachteten Tieren betrug die Nüchterungszeit 12 bis 16 Stunden. Schlachtung und Ausschlachtung erfolgten nach den Richtlinien für die Durchführung der Mast- und Schlachtleistungsprüfung bei Geflügel.

Dabei wurden folgende Werte erfaßt:

1. Körpermasse vor dem Schlachten;
2. Kaltmasse (Schlachtkörper ohne Blut und Federn, 24 Stunden bei etwa 0 °C gelagert);
3. Rumpfmasse (ausgenommener Schlachtkörper ohne Kopf und Läufe);
4. Verwertbare Organe (Herz, Magen, Leber);
5. Masse der linken Brustmuskulatur ohne Haut;
6. Masse des linken Schenkels mit Haut und Knochen.

Die Prüfung der Fleischbeschaffenheit erstreckte sich auf die Merkmale:

1. Grillverlust
2. Safthaltevermögen
3. Muskelfaserstärke
4. Fleischfarbe

Diese vier Merkmale wurden bei den untersuchten Tieren am linken äußeren Brustmuskel und am Muskel des linken Schenkels erfaßt.

Für den Grillvorgang wurde ein „Elgen-Infrarotgrill“ (200 °C) benutzt. Die zu untersuchenden Fleischproben mit einer Masse von 20 g (± 1 g) wurden auf einem rotierenden Spieß gegrillt. Die Grillzeit für Broilerfleisch betrug 9 Minuten und mußte bei Putenfleisch auf 20 Minuten ausgedehnt werden, um einen annähernd gleichen Garzustand wie bei den Broilern zu erreichen. Nach einer sich anschließenden Abkühlungszeit von einheitlich 5 Minuten wurden die Proben erneut einzeln gewogen und die Massedifferenz zwischen Ein- und Rückwaage bestimmt. Der Grillverlust in Prozent ist aus dem Verhältnis von

$$\frac{\text{absolutem Grillverlust} \cdot 100}{\text{Einwaage}}$$

zu errechnen.

Für die Bestimmung des Safthaltevermögens hat sich in Routineuntersuchungen die Preßmethode nach GRAU und HAMM (1952) durchgesetzt. Entsprechend den ersten methodischen Untersuchungen von LÖHLE (1966) wurden runde Fleischstückchen von 0,3 g 5 Minuten lang auf Filterpapier zwischen 2 Glasplatten unter einem Druck von 15 kg gepreßt. Die Preßfläche des Fleisches sowie die Fläche des Flüssigkeitsaustrittes wurden mit einem Kompensationsplanimeter je zweimal ausgemessen. Als Berechnungsgrundlage diente jeweils das Mittel aus den 2 Messungen. Um das Safthaltevermögen der einzelnen Proben exakt miteinander vergleichen zu können, wurde der Quotient aus

$$\frac{\text{Flüssigkeitsfläche-Preßfläche des Fleisches} \cdot 100}{\text{Preßfläche des Fleisches}}$$

gebildet (SCHOLTYSSECK, 1957). Ein niedriger Wert ist gleichbedeutend mit gutem Safthaltevermögen und umgekehrt.

Um die Dicke der Muskelfasern messen zu können, ist es notwendig, Fleischproben aus den zu untersuchenden Muskeln einem Mazerierungsprozeß auszusetzen. Die eigenen Untersuchungen wurden nach der von v. d. MALSBURG (zitiert nach NESENI und MÜLLER, 1953) beschriebenen Methode durchgeführt.

Die Messung der Fasern erfolgte mit einem Lanameter des VEB Carl Zeiss Jena. Von jeder Probe wurden 50 Meßwerte ermittelt und der Durchschnitt gebildet, so daß sich alle angegebenen Größen auf diesen beziehen.

Die Messungen der Fleischfarbe wurden mit dem Pulfrich-Photometer nebst Ulbrichtscher Kugel des VEB Carl Zeiss Jena nach den Angaben von LÖHLE (1966) durchgeführt.

Die statistische Auswertung stützt sich auf den Durchschnitt der mit den Filtern:

$$K_3 = 570 \text{ m}\mu$$
$$K_4 = 541 \text{ m}\mu$$
$$K_5 = 519 \text{ m}\mu$$
$$K_6 = 478 \text{ m}\mu$$

festgestellten Remissionswerte. Diese Berechnungsmethode wurde gewählt, um auftretende Meßfehler bei Verwendung nur eines Filters möglichst auszugleichen.

Für die biometrische Prüfung der verschiedenen Einflüsse auf Schlachtleistung und Fleischbeschaffenheit wurde die mehrfaktorielle Varianzanalyse (SNEDECOR, 1959) angewandt. Sifgnifikanzen werden bei einer Irrtumswahrscheinlichkeit von $\alpha = 5\%$ mit + und bei einer Irrtumswahrscheinlichkeit von $\alpha = 1\%$ mit ++ gekennzeichnet.

2. Versuchsergebnisse

2.1. Mast- und Schlachtleistung

Bei dem Vergleich des Mittels der Mast- und Schlachtleistungsmerkmale von Broilern und Puten unterschiedlichen Geschlechts sind, wie Tab. 1 zeigt, deutliche Differenzen erkennbar. Allgemein kann festgestellt werden, daß bei beiden Geflügelarten mit zunehmendem Alter die Körpermasse wesentlich erhöht wird. Der Schlachtertrag der 10 Wochen alten Tiere ist bei männlichen Broilern um 0,4% niedriger und bei weiblichen Broilern um 0,5% höher als im 8-Wochen-Alter.

Diese geringfügige Senkung bzw. Steigerung des Schlachtertrages bei Broilern trotz ansteigendem Fleischansatz hängt mit der Verringerung der Masse der ver-

Tabelle 1

Der Einfluß von Alter und Geschlecht auf die Schlachtleistung bei Broilern und Puten

		Broiler				Puten			
		8 Wochen		10 Wochen		20 Wochen 18		28 Wochen 24	
		♂	♀	♂	♀	♂	♀	♂	♀
Tierzahl		25	25	25	25	25	22	25	22
Mastendmasse	g	1501	1243	2009	1520	7364	4441	10800	5070
Rumpfmasse	g	988	813	1359	1006	5308	2919	8308	3715
Rumpfmasse	%	65,8	65,4	67,6	66,2	71,1	70,5	76,9	73,3
Verwertbare Organe	g	99,0	68,0	89,5	69,4	352	205	388	222
Verwertbare Organe	%	6,6	5,5	4,4	5,2	4,9	4,9	3,6	4,4
Schlachtertrag zur Mastendmasse	%	72,4	70,9	72,0	71,4	77,0	75,4	80,5	77,7
Kaltmasse	g	1351	1120	1754	1310	6477	3601	9606	4452
Brustfleisch	g	185	159	267	206	1147	620	1805	844
Brustfleisch zur Kaltmasse	%	13,70	14,20	15,28	15,74	17,71	17,22	18,79	18,99
Schenkel	g	314	247	435	314	1547	660	2103	830
Schenkel zur Kaltmasse	%	23,20	22,08	24,84	23,94	23,89	23,10	21,89	22,59

wertbaren Organe zusammen. Bei älteren Putern und Puten ist die Ursache des höheren Schlachtertrages vor allem in dem stärkerem Brustfleischansatz zu sehen, obwohl auch bei diesen Tieren gleichzeitig ein Rückgang des Anteils an verwertbaren Organen festzustellen ist.

Bei Putern nimmt der Schlachtertrag um 3,5% und bei Puten um 2,3% zu. Dagegen kamen Walters und Ma (1963) zu dem Schluß, daß das Verhältnis der einzelnen Fleischteile zur Schlachtmasse bei allen Masseklassen nahezu gleich sei. Dodge und Stadelman (1959) fanden bezüglich des Fleischansatzes Unterschiede zwischen den Linien in Abhängigkeit vom Typ. Beim Vergleich der Broiler und Puten, unabhängig vom Geschlecht, fällt auf, daß der Schlachtertrag bei letzteren etwa 4 bis 8% höher ist. Ausschlaggebend ist der höhere Brustfleischanteil, denn hier beträgt der Unterschied etwa 3 bis 4%, während der Schenkelanteil, besonders bei den älteren Puten, sogar geringer ist als bei den Broilern. Wenn dennoch bei älteren Puten ein höherer Schlachtertrag zu verzeichnen ist, so spielt wahrscheinlich der stärkere Rückenfleichansatz eine Rolle, wie Swanson und Ma (1964) nachweisen konnten.

Brust- und Schenkelfleischansatz

Durch gezielte Züchtungsarbeit konnten in den letzten Jahren bei Broilern und z. T. auch bei Puten große Erfolge bei der Verbesserung des Brust- und Schenkelfleischansatzes erreicht werden. Wegen der Bedeutung dieser Fleischpartien für den Schlachtwert wurden sie einer einzelnen Betrachtung unterzogen. Als Bezugsbasis für den Fleischansatz wurde analog den Bedingungen für die Hühnermastleistungsprüfung die Kaltmasse gewählt. In Tab. 2 sind für die Broiler die Mittelwerte, Streuungen und Variationskoeffizienten zu dem Merkmal Fleischansatz in Prozent zur Kaltmasse für beide Geschlechter im Alter von 8 und 10 Wochen dargestellt.

Im Hinblick auf den Fleischansatz an Brust und Schenkel ist bei den Broilern im Alter von 10 Wochen eine hochsignifikante Steigerung erkennbar. Interessant ist dabei die Feststellung, daß die Zunahmen bei beiden Geschlechtern gleich sind. So erhöht sich der Brustfleischanteil bei den männlichen Tieren um 1,58% und bei den weiblichen um 1,54%. Die prozentuale Steigerung des Schenkelfleischanteils beläuft sich auf 1,63% bzw. 1,86%.

Der Einfluß des Geschlechtes zeigt sich in der Überlegenheit der weiblichen Tiere im Brustfleischanteil, während der Schenkelfleischanteil bei den männlichen Tieren höher ist. Zu dieser Feststellung kommen auch Dodge und Stadelman (1959).

Im Gegensatz zu den Broilern zeigen sich bei den Puten andere Tendenzen bezüglich des Fleischansatzes, wie aus Tab. 3 hervorgeht.

Bei beiden Geschlechtern ist eine signifikante Zunahme des Brustfleischanteils von 1,01% und 1,77% bei den älteren Tieren zu erkennen, ohne daß zwischen den Geschlechtern signifikante Differenzen auftreten.

Tabelle 2
Der Einfluß von Alter und Geschlecht auf den Fleischansatz in Prozent zur Kaltmasse bei Broilern

		Brust		Schenkel	
		8 Wochen	10 Wochen	8 Wochen	10 Wochen
männlich	$\bar{x}$	13,70	15,28	23,31	24,84
	s	1,99	2,24	2,14	1,83
	s %	14,51	14,67	9,22	7,36
weiblich	$\bar{x}$	14,20	15,74	22,08	23,94
	s	2,33	2,77	1,66	1,52
	s %	16,41	17,59	7,50	6,34

Varianztabelle zum Brustfleischansatz bei Broilern

Varianzursache	SQ	FG	DQ	$F_{exp.}$	Signifikanz
Gesamtvarianz	200,3364	99	–	–	
zw. 8 Wochen und 10 Wochen	63,1384	1	63,1384	43,64	++
zw. männlich und weiblich	8,3140	1	8,3140	5,74	+
Wechselwirkung Alter/Geschlecht	0,0000	1	–	–	–
Rest	138,8840	96	1,4467	–	

Varianztabelle zum Schenkelfleischansatz bei Broilern

Varianzursache	SQ	FG	DQ	$F_{exp.}$	Signifikanz
Gesamtvarianz	170,952	99	–	–	–
zw. 8 Wochen und 10 Wochen	70,224	1	70,224	89,87	++
zw. männlich und weiblich	20,452	1	20,452	26,17	++
Wechselwirkung Alter/Geschlecht	5,266	1	5,266	6,74	+
Rest	75,010	96	0,7814	–	–

Hinsichtlich des Schenkelfleisches besteht ein signifikanter Unterschied zugunsten der jüngeren Tiere. Außerdem tritt eine signifikante Wechselwirkung zwischen Alter und Geschlecht auf, die sich darin äußert, daß bei den Putern der Anteil des Schenkels an der Kaltmasse von der 20. zur 28. Lebenswoche wesentlich stärker zurückgeht als bei weiblichen Tieren von der 18. zur 24. Lebenswoche.

Die von FRY und MA (1962) getroffene Feststellung, daß die Puter einen höheren Brustfleischansatz und die Puten einen höheren Schenkelfleischansatz haben, konnte in unseren Untersuchungen nicht in vollem Umfang bestätigt werden. Eine Überlegenheit wurde bei den Putern lediglich im Alter von 20 Wochen im Hinblick auf den Brustfleischansatz und bei den Puten im Alter von 24 Wochen im Schenkelfleischansatz ermittelt.

Die Variation der Methode für Fleischansatz nimmt mit zunehmendem Alter besonders stark bei Broilern ab. Je älter die Tiere sind, desto ausgeglichener ist der Fleischansatz.

Tabelle 3
Der Einfluß von Alter und Geschlecht auf den Fleischansatz in Prozent zur Kaltmasse bei Puten

		Brust		Schenkel	
		18 – 20 Wochen	24 – 28 Wochen	18 – 20 Wochen	24 – 28 Wochen
	$\bar{x}$	17,73	18,74	23,93	21,87
männlich	s	1,000	1,294	1,172	1,160
	s %	5,64	6,90	4,90	5,30
	$\bar{x}$	17,22	18,99	23,13	22,58
weiblich	s	1,464	1,863	1,561	1,205
	s %	8,50	9,81	6,75	5,34

Varianztabelle zum Brustfleischansatz bei Puten

Varianzursache	SQ	FG	DQ	$F_{exp.}$	Signifikanz
Gesamtvarianz	229,5627	93	–	–	
zw. Alter	43,6562	1	43,6562	21,5821	++
zw. männlich und weiblich	0,3035	1	0,3835	0,1896	–
Wechselwirkung Alter/Geschlecht	3,4720	1	3,4720	1,7164	–
Rest	182,0510	90	2,0228	–	

Varianztabelle zum Schenkelfleischanteil bei Puten

Varianzursache	SQ	FG	DQ	$F_{exp.}$	Signifikanz
Gesamtvarianz	202,9291	93	–	–	
zw. Alter	42,6804	1	42,6804	26,1474	++
zw. männlich und weiblich	0,0504	1	0,0504	0,0309	–
Wechselwirkung Alter/Geschlecht	13,2931	1	13,2931	8,1438	–
Rest	146,9052	90	1,6323	–	

2.2. Fleischbeschaffenheit

In den folgenden Darlegungen wurde eine Auswertung der Untersuchungen zu den Merkmalen Grillverlust, Safthaltevermögen, Muskelfaserstärke und Farbe vorgenommen, wobei neben dem Einfluß des Alters und des Geschlechtes auch die Differenzen zwischen den beiden wertvollsten Fleischpartien Brust und Schenkel erfaßt wurden.

2.2.1. Grillverlust

Wie aus den Übersichtstabellen 4 und 5 zum Grillverlust und den entsprechenden varianzanalytischen Auswertungen hervorgeht, bestehen bei beiden Geflügelarten eindeutige Unterschiede im Grillverlust zwischen Brust- und Schenkelfleisch. Der Grillverlust des Schenkelfleisches ist im Mittel bei den Broilern um 1,86% und bei den Puten um 4,20% höher als der des Brustfleisches.
Goertz und Ma (1962) ermittelten beim Kochen ebenfalls Unterschiede zwischen Brust- und Schenkelfleisch von breitbrüstigen Weißen Truthennen. Der Kochverlust des Brustfleisches betrug 26,4% und der des Schenkelfleisches 29,3%.

Tabelle 4

Der Einfluß von Alter und Geschlecht auf den Grillverlust bei Broilern

		Brust		Schenkel	
		8 Wochen	10 Wochen	8 Wochen	10 Wochen
männlich	$\bar{x}$	16,31	17,87	18,15	19,33
	s	3,14	3,67	3,83	3,69
	s %	19,25	20,55	21,10	19,09
weiblich	$\bar{x}$	15,41	18,66	16,99	21,20
	s	3,20	3,77	3,27	4,69
	s %	20,76	20,20	19,25	22,12

Varianztabelle zum Grillverlust bei Broilern

Varianzursache	SQ	FG	DQ	$F_{exp.}$	Signifikanz
Gesamtvarianz	3185,0836	199	–		
zw. Brust und Schenkel	173,2591	1	173,2591	14,679	+
zw. 8 Wochen und 10 Wochen	309,8805	1	309,8805	26,254	++
zw. männlich und weiblich	1,8367	1	1,8367	0,1556	–
Wechselwirkung Alter/Geschlecht	68,0432	1	68,0432	5,7640	+
Wechselwirkung Fleischpartie/Alter	0,9617	1	0,9617	0,0148	–
Wechselwirkung Fleischpartie/Geschlecht	5,2174	1	5,2174	0,4420	–
Wechselwirkung Fleischpartie/Geschlecht/Alter	359,6503	1	359,6503	30,4703	++
Rest	2266,2347	192	11,8033	–	

Der Einfluß des Alters zeigt sich darin, daß beim Fleisch der älteren Broiler und Puten im Durchschnitt ein um 2,55% bzw. 2,66% signifikant höherer Grillverlust zu verzeichnen ist. Die einfachen Differenzen zwischen den Geschlechtern sind weder bei den Broilern noch bei den Puten gesichert. Auch LÖHLE (1966), bei Broilern, und OTTO (1959), bei Schweineschnitzel, fanden keinen geschlechtsbedingten Einfluß auf den Grillverlust. Ein Einfluß des Geschlechtes auf den Grillverlust konnte demgegenüber bei Broilern vor allem in Wechselwirkung mit dem Alter und der Fleischpartie und bei Puten in Wechselwirkung mit dem Alter ermittelt werden. Der Grillverlust ist bei den männlichen Broilern im 8-Wochen-Alter sowohl im Brustfleisch als auch im Schenkelfleisch höher, während im 10-Wochen-Alter die weiblichen Tiere in beiden Fleischpartien den höheren Wert aufweisen. Auch die Puter haben in der ersten Altersstufe sowohl beim Brust- als auch beim Schenkelfleisch gegenüber den Hennen den höheren Grillverlust, wohingegen im Alter von 24 Wochen die weiblichen Tiere vor allem beim Brustfleisch eindeutig schlechtere Grilleigenschaften zeigen. Beim Schenkelfleisch ist dieser bei beiden Geschlechtern nahezu gleich, wobei der Grillverlust jedoch bei den weiblichen Tieren von der 18. zur 24. Lebenswoche mit

Tabelle 5

Der Einfluß von Alter und Geschlecht auf den Grillverlust bei Puten

		Brust		Schenkel	
		18 – 20 Wochen	24 – 28 Wochen	18 – 20 Wochen	24 – 28 Wochen
	$\bar{x}$	18,95	17,46	21,94	24,32
männlich	s	4,92	4,37	6,99	5,96
	s %	25,96	25,03	31,86	24,51
	$\bar{x}$	16,14	20,14	18,74	24,49
weiblich	s	5,78	5,95	4,62	5,04
	s %	35,81	29,54	24,65	20,58

Varianztabelle zum Grillverlust bei Puten

Varianzursache	SQ	FG	DQ	$F_{\text{exp.}}$	Signifikanz
Gesamtvarianz	7030,3840	187	–	–	–
zw. Brust und Schenkel	848,8941	1	848,8941	27,8313	++
zw. 18 Wochen und 24 Wochen	297,6379	1	297,6379	9,7582	++
zw. männlich und weiblich	28,8964	1	28,8964	0,9473	–
Wechselwirkung Alter/Geschlecht	229,8361	1	229,8361	7,5353	++
Wechselwirkung Fleischpartie/Alter	97,5744	1	97,5744	3,1990	–
Wechselwirkung Fleischpartie/Geschlecht	24,5206	1	24,5206	0,8039	–
Wechselwirkung Fleischpartie/Geschlecht/Alter	12,7653	1	12,7653	0,4185	–
Rest	5490,2592	180	30,5014	–	–

5,58% gegenüber den Putern von der 20. bis 28. Lebenswoche mit 2,38% um mehr als das Doppelte zunimmt.

Diese Verhältnisse werden durch signifikante Wechselwirkungen in der Varianzanalyse deutlich. Mit Sicherheit kann angenommen werden, daß das altersmäßig bedingte Ansteigen des Grillverlustes, das sich zudem in stärkerem Maße bei den frühreifen weiblichen Tieren zeigt, mit dem zunehmenden Fettgehalt des Fleisches in Verbindung zu bringen ist.

2.2.2. Safthaltevermögen

Im Hinblick auf den Quotienten aus Wassersaum und Fleischfläche als Kriterien für das Safthaltevermögen konnten bei Broilern und Puten signifikante Unterschiede zwischen dem Brust- und Schenkelfleisch sowie zwischen den Altersgruppen nachgewiesen werden (Tab. 6 u. 7).

Auch beim Rind ist das Wasserbindevermögen in den einzelnen Muskeln nicht einheitlich und nach Schön und Scheper (1960) in der Keule besser als im *M. long. dorsi*.

Tabelle 6

Der Einfluß von Alter und Geschlecht auf das Safthaltevermögen (Quotient) bei Broilern

		Brust		Schenkel	
		8 Wochen	10 Wochen	8 Wochen	10 Wochen
männlich	$\bar{x}$	193,07	163,53	288,00	192,48
	s	59,93	54,82	99,02	60,66
	s %	31,04	33,52	34,38	31,35
weiblich	$\bar{x}$	183,51	157,70	231,39	205,85
	s	40,65	61,87	94,76	65,86
	s %	22,15	39,23	40,95	31,99

Varianztabelle zum Safthaltevermögen bei Broilern

Varianzursache	SQ	FG	DQ	$F_{\text{exp.}}$	Signifikanz
Gesamtvarianz	1265304,10	199	–		
zw. Brust und Schenkel	160393,15	1	160393,15	32,711	++
zw. 8 Wochen und 10 Wochen	105046,94	1	105046,94	21,423	++
zw. männlich und weiblich	15225,78	1	15225,78	3,105	–
Wechselwirkung Alter/Geschlecht	12018,43	1	12018,43	2,451	–
Wechselwirkung Fleischpartie/Alter	15466,89	1	15466,89	3,154	–
Wechselwirkung Fleischpartie/Geschlecht	3292,09	1	3292,09	0,671	–
Wechselwirkung Fleischpartie/Geschlecht/Alter	12414,41	1	12414,41	2,532	–
Rest	941446,41	192	4903,3667	–	

Die bestehenden Unterschiede zwischen den Altersgruppen zeigen, daß das Safthaltevermögen bei den jüngeren Tieren schlechter ist als bei den älteren. Das entspricht auch den Beobachtungen von SCHÖN und SCHEPER (1960), wonach die Wasserbindung von Bullenfleisch über Ochsen- und Färsenfleisch zu Kuhfleisch abnimmt. Diese Reihenfolge wird von LOHSE (1960) bestätigt, der in seinen Untersuchungen feststellt, daß die Fleischstücke aus der Lende der Ochsen (18 Monate) am saftigsten waren und auch die geringste Menge an ausgepreßtem Wasser aufzuweisen hatten. Das Fleisch der Kälber im Alter von 6 Wochen hatte die größte Menge an auspreßbarem Wasser. Der von LÖHLE (1966) ermittelte geschlechtsbedingte Unterschied im Safthaltevermögen von Broilern konnte nur bei Puten nachgewiesen werden. Bei den Broilern ist nur die Tendenz angedeutet, daß männliche Tiere ein geringeres Safthaltevermögen aufweisen.

Alle geprüften Wechselwirkungen waren nicht signifikant und somit für eine weitere Betrachtung ohne Bedeutung.

Tabelle 7

Der Einfluß von Alter und Geschlecht auf das Safthaltevermögen (Quotient) bei Puten

		Brust		Schenkel	
		18–20 Wochen	24–28 Wochen	18–20 Wochen	24–28 Wochen
männlich	$\bar{x}$	216,60	185,00	318,60	292,00
	s	44,04	50,12	70,00	82,96
	s %	20,33	27,09	21,97	28,41
weiblich	$\bar{x}$	204,50	184,00	275,60	272,10
	s	56,33	54,84	69,35	77,29
	s %	27,54	29,80	25,16	28,40

Varianztabelle zum Safthaltevermögen bei Puten

Varianzursache	SQ	FG	DQ	$F_{exp.}$	Signifikanz
Gesamtvarianz	1 201 363,35	187	–	–	–
zw. Brust und Schenkel	405 192,75	1	405 192,75	97,785	++
zw. 18 Wochen und 24 Wochen	20 943,86	1	20 943,86	5,054	+
zw. männlich und weiblich	16 939,37	1	16 939,37	4,088	+
Wechselwirkung Alter/Geschlecht	3 433,94	1	3 433,94	0,829	–
Wechselwirkung Fleischpartie/Alter	1 327,13	1	1 327,13	0,320	–
Wechselwirkung Fleischpartie/Geschlecht	7 238,87	1	7 238,87	1,747	–
Wechselwirkung Fleischpartie/Geschlecht/Alter	421,67	1	421,67	0,102	–
Rest	745 865,76	180	4 143,70	–	

2.2.3. Muskelfaserstärke

Die eigenen Ergebnisse der Untersuchungen über den Einfluß von Fleischpartie, Alter und Geschlecht auf die Faserstärke von Broiler- und Putenfleisch wurden in den Tab. 8 und 9 dargestellt.

Die varianzanalytische Auswertung der Meßergebnisse zur Muskelfaserstärke läßt für Broiler und Puten weitestgehend die gleichen Aussagen zu.

So sind die Muskelfasern des Brustfleisches signifikant dicker als die des Schenkelfleisches. Besonders auffällig ist das altersmäßig bedingte Dickenwachstum der Muskelfasern beim Schenkelfleisch der Broiler und beim Brust- und Schenkelfleisch der Puten. Beim Brustmuskel der weiblichen Broiler ist das Dickenwachstum der Fasern offensichtlich schon im 8-Wochen-Alter abgeschlossen.

Die signifikanten Wechselwirkungen zwischen Fleischpartie und Alter sowie Fleischpartie und Geschlecht bei Broilern unterstreichen das unterschiedliche Verhalten der Muskelzellen im Brust- und Schenkelfleisch.

Tabelle 8

Der Einfluß von Alter und Geschlecht auf die Muskelfaserstärke bei Broilern

		Brust		Schenkel	
		8 Wochen	10 Wochen	8 Wochen	10 Wochen
männlich	$\bar{x}$	31,84	32,70	26,42	30,86
	s	2,91	2,79	3,27	3,12
	s %	9,14	8,53	12,38	10,11
weiblich	$\bar{x}$	32,14	32,30	27,88	30,98
	s	2,43	2,69	3,47	3,14
	s %	7,56	8,33	12,45	10,35

Varianztabelle zur Muskelfaserstärke bei Broilern

Varianzursache	SQ	FG	DQ	$F_{exp.}$	Signifikanz
Gesamtvarianz	2660,3892	199	–	–	
zw. Brust und Schenkel	525,4636	1	525,4636	63,227	++
zw. 8 Wochen und 10 Wochen	241,2528	1	241,2528	29,029	++
zw. männlich und weiblich	12,4340	1	12,4340	1,496	–
Wechselwirkung Alter/Geschlecht	7,3820	1	7,3820	0,888	–
Wechselwirkung Fleischpartie/Alter	138,3444	1	138,3444	16,646	++
Wechselwirkung Fleischpartie/Geschlecht	139,8472	1	139,8472	16,827	++
Wechselwirkung Fleischpartie/Geschlecht/Alter	0,0000	1	–	–	
Rest	1595,6652	192	8,3107	–	–

In den Arbeiten von NESENI und MÜLLER (1955) sowie von STEINHAUF (1961) wird bestätigt, daß jüngere Tiere dünnere Muskelfasern haben als ältere Tiere.

Während in den eigenen Untersuchungen bei Broilern zwischen den Geschlechtern keine Unterschiede ermittelt werden konnten, waren die Differenzen zwischen Putern und Puten besonders deutlich ausgeprägt, und zwar wiesen die weiblichen Tiere wesentlich dünnere Muskelfasern auf als die männlichen Tiere. Das trifft sowohl für die Brustmuskulatur als auch für die Schenkelmuskulatur zu.

Diese Ergebnisse stehen im Widerspruch zu den Befunden von SAEKI und MA (1965), die bei Hennen stärkere Muskelfasern fanden als bei Hähnen.

2.2.4. Fleischfarbe

Die Fleischfarbe, charakterisiert durch die mit dem Pulfrich-Photometer bestimmten Remissionswerte, unterliegt bei Broilern und Puten verschiedenen Einflüssen.

Tabelle 9

Der Einfluß von Alter und Geschlecht auf die Muskelfaserstärke bei Puten

		Brust		Schenkel	
		18–20 Wochen	24–28 Wochen	18–20 Wochen	24–28 Wochen
	$\bar{x}$	43,37	50,52	40,48	45,98
männlich	s	4,05	6,37	5,69	6,51
	s %	9,34	10,63	14,06	14,16
	$\bar{x}$	39,86	42,50	35,08	39,41
weiblich	s	3,97	3,36	4,79	5,40
	s %	9,96	7,91	13,65	13,70

Varianzanalyse zur Muskekfaserstärke bei Puten

Varianzursache	SQ	FG	DQ	$F_{exp.}$	Signifikanz
Gesamtvarianz	8 199,7235	187	–	–	–
zw. Brust und Schenkel	688,6380	1	688,6380	27,306	++
zw. 8 Wochen und 10 Wochen	1 177,1510	1	1177,1510	46,678	++
zw. männlich und weiblich	1 611,5226	1	1611,5226	63,902	++
Wechselwirkung Alter/Geschlecht	93,0639	1	93,0639	3,690	–
Wechselwirkung Fleischpartie/Alter	0,1247	1	0,1247	–	–
Wechselwirkung Fleischpartie/Geschlecht	0,6328	1	0,6328	–	–
Wechselwirkung Fleischpartie/Alter/Geschlecht	89,2797	1	89,2797	3,540	–
Rest	4 539,3108	180	25,2184	–	–

Aus den Tab. 10 und 11 geht hervor, daß die Fleischfarbe sehr unausgeglichen ist, denn die Variationskoeffizienten bewegen sich zwischen 17,4% und 41,2%.

Bei beiden Geflügelarten gibt es eindeutige Unterschiede zwischen den Remissionswerten von Brust und Schenkelfleisch in der Weise, daß letzteres jeweils wesentlich dunkler ist.

Stark beeinflußt wird die Fleischfarbe vom Alter der Tiere, insbesondere bei Broilern.

Auch bei Rindern konnte festgestellt werden, daß, neben verschiedenen anderen Faktoren, das Alter die Fleischfarbe beeinflußt und das Fleisch jüngerer Tiere immer heller gefärbt war (Schön und Scheper, 1961). Eine gesicherte Differenz zwischen der Fleischfarbe beider Geschlechter konnte nur bei Puten beobachtet werden. Mit Ausnahme des Schenkelfleisches der 20 Wochen alten Tiere war stets das Fleisch der Puter etwas heller. Die Wechselwirkung Fleischpartie/Geschlecht ist bei Puten auf Grund der genannten Abweichung des Schenkelfleisches angedeutet, aber nach der Varianzanalyse nicht signifikant. Demgegenüber ist diese Wechselwirkung bei Broilern ausgesprochen stark ausgeprägt; die

Tabelle 10

Der Einfluß von Alter und Geschlecht auf die Fleischfarbe bei Broilern

		Brust		Schenkel	
		8 Wochen	10 Wochen	8 Wochen	10 Wochen
männlich	$\bar{x}$	10,38	6,00	7,90	4,49
	s	1,82	1,63	2,04	1,71
	s %	17,53	27,17	25,82	38,08
weiblich	$\bar{x}$	10,94	6,97	7,38	4,42
	s	2,36	1,21	2,62	1,82
	s %	21,57	17,36	35,50	41,18

Varianztabelle zur Fleischfarbe bei Broilern

Varianzursache	SQ	FG	DQ	$F_{exp.}$	Signifikanz
Gesamtvarianz	1730,2900	199	–	–	–
zw. Brust und Schenkel	312,1500	1	312,1500	149,8488	++
zw. 8 Wochen und 10 Wochen	677,9298	1	677,9298	325,4385	++
zw. männlich und weiblich	0,0106	1	0,0106	0,0051	–
Wechselwirkung Alter/Geschlecht	5,1148	1	5,1148	2,4554	–
Wechselwirkung Fleischpartie/Alter	10,5525	1	10,5525	5,0658	+
Wechselwirkung Fleischpartie/Geschlecht	324,5714	1	324,5714	155,8117	++
Wechselwirkung Fleischpartie/Geschlecht/Alter	0,0000	1	0,0000	–	–
Rest	399,9609	192	2,0831	–	

weiblichen Broiler haben helleres Brustfleisch, aber dunkleres Schenkelfleisch als die männlichen Tiere. Demzufolge ist die Wechselwirkung Fleischpartie/Geschlecht bei Broilern anders gerichtet als bei Puten.

Zusammenfassung

Mit zunehmendem Alter werden bei Broilern und Puten die Werte für Brustfleischansatz, Grillverlust und Muskelfaserstärke erhöht. Die Fleischfarbe wird dunkler und das Safthaltevermögen verbessert. Der Schenkelfleischansatz erfährt bei Broilern eine Steigerung und bei Puten eine Senkung. Bei Broilern haben die weiblichen Tiere einen höheren Brustfleisch- und einen niedrigeren Schenkelfleischanteil als die männlichen. Das altersmäßig bedingte Ansteigen des Grillverlustes ist besonders bei den frühreifen weiblichen Tieren zu erkennen und steht vermutlich mit dem anwachsenden Fettgehalt in Verbindung. Im Hinblick auf Safthaltevermögen, Muskelfaserstärke und Farbe ist der Einfluß des Geschlechtes bei Broilern und Puten teilweise unbedeutend und zeigt keine einheitliche Tendenz. Zwischen Brustfleisch und Schenkelfleisch gibt es deutliche Unterschiede in der Beschaffenheit. Schenkelfleisch hat einen höheren

Tabelle 11
Der Einfluß von Alter und Geschlecht auf die Fleischfarbe bei Puten

		Brust		Schenkel	
		18 – 20 Wochen	24 – 28 Wochen	18 – 20 Wochen	24 – 28 Wochen
männlich	$\bar{x}$	7,80	7,04	4,55	3,98
	s	2,44	1,60	1,10	1,47
	s%	31,28	22,72	24,17	36,93
weiblich	$\bar{x}$	6,39	6,59	4,65	3,84
	s	1,11	1,59	1,53	1,55
	s %	17,37	24,13	32,90	40,36

Varianztabelle zur Fleischfabe bei Puten

Varianzursache	SQ	FG	DQ	$F_{exp.}$	Signifikanz
Gesamtvarianz	851,9597	187	—	—	—
zw. Brust und Schenkel	349,6586	1	349,6586	135,82	+++
zw. 8 Wochen und 10 Wochen	11,6054	1	11,6054	4,50	+
zw. männlich und weiblich	10,4563	1	10,4563	4,06	+
Wechselwirkung Alter/Geschlecht	1,5231	1	1,5231	0,59	–
Wechselwirkung Fleischpartie/Alter	1,5938	1	1,5938	0,62	–
Wechselwirkung Fleischpartie/Geschlecht	9,6308	1	9,6308	3,74	–
Wechselwirkung Fleischpartie/Geschlecht/Alter	4,0920	1	4,0920	1,59	–
Rest	463,3997	180	2,5744	–	

Grillverlust, geringeres Safthaltevermögen, dünnere Muskelfasern und eine dunklere Farbe als Brustfleisch.

Резюме

Название работы: Исследование возрастных и половых различий в образовании и качестве мяса у бройлеров и индеек

В зависимости от возраста у бройлеров и индеек повышаются показатели отложения мяса на груди, потерь от жарения на решетке и толщины мускульных волокон. Цвет мяса темнеет и сочность его увеличивается. Отложение мяса на бедре возрастает у бройлеров и снижается у индеек. У бройлеров самки по сравнению с самцами имеют больше мяса на груди и меньше на бедре. Обусловленное возрастом повышение потерь от жарения на решетке проявляется особенно сильно у раннеспелых самок и вероятно объясняется возрастающим содержанием жира. В отношении сочности, толщины мускульных волокон и цвета влияние пола у бройлеров и индеек отчасти незначительно и не выражает однородной тенденции. Между мясом на груди и на бедре отмечаются явные качественные различия. По сравнению с мясом на груди, мясо на бедре имеет большие потери при жарении, меньшую сочность, более тонкие мускульные волокна и более темный цвет.

Summary

Title of the paper: Studies on age- and sex-conditioned differences in meat growth and meat quality of chicken broilers and turkeys

In chicken broilers and turkeys, with growing age the growth of the breast meat, the frying loss, and the thickness of muscular fibres increase. The meat colour gets darker and the juice retaining capacity improves. The leg meat growth is increased in chicken broilers and decreases in turkeys. In comparison with male animals, female chicken broilers have higher breast meat and lower leg meat proportions. The age-conditioned increase of the frying loss is especially apparent in early-maturing female animals being possibly related with the growing fat proportion. With regard to the juice retaining capacity, thickness of muscular fibres, and meat colour the influence of sex is partly insignificant and does not show a uniform tendency in chicken broilers and turkeys. There are clear differences of quality between the meat of the breast and the leg. The leg has a higher frying loss, a lower juice retaining capacity, thinner muscular fibres, and darker colour as compared with breast meat.

Literatur

DODGE, J. W.; STADELMAN, W. J.: Does meat yield vary between crosses? Poultry, Processing and Marketing 65 (1959), 8, 9, 42. Zit. bei SWANSON u. MA 1964

FRY, J. L.; MA: Factors effecting the yield of turkey parts. Poultry Sci. 41 (1962), p. 1299–1303

GRAU, R.; HAMM, R.: Eine einfache Methode zur Bestimmung der Wasserbindung im Fleisch. Fleischwirtschaft 4 (1952), S. 295

GOERTS, G. E.; MA: Edible yield of roasted breasts and thighs of 12 strains of turkeys. Poultry Sci. 41 (1962), p. 1295–1298

LÖHLE, K.: Untersuchungen über die Qualität des Fleisches und der Leber bei 10 Wochen alten Masttieren verschiedener Hühnerrassen und deren Kreuzungen. Jena, Friedr.-Schiller-Univ., Habil.-Schr. 1966

LOHSE, B.: Untersuchungen über die Fleischqualität bei Rindern in den USA. Fleischwirtschaft 12 (1966), S. 731

LOHSE, B.: Fleischqualität beim Schwein. Vortrag auf d. Colloquium der DGFZ, Göttingen, 1961. Zit. bei LOHSE, B.; MA, Fleischwirtschaft 45 (1965), S. 121 bis 124

NESENI, R.; MÜLLER, Chr.: Über die Muskelfaserstärke von Klein- und Großtieren. Z. Tierzücht. u. Züchtungsbiol. 65 (1955), S. 335–358

OTTO, E.: Qualitätsbeurteilung bei Schweinen und Geflügel. Zeczyty Problemove Postepoq Nauk Rolniczych Warschau, 1959. Zit. bei LÖHLE, 1966

SAEKI, MA: Breeding chickens for meat production. VI. Relation of muscle cell sire to body and organ weights in 10-week-old-chickens. Bull. nat. Inst. Anim: Ind., Aoba-cho, Chiba-city/Japan, 1965, Nr. 9, S. 65–69. In: Landwirtsch. Zentralblatt 3–67/03–0302

SCHÖN, L.; SCHEPER, J.: Merkmale der Beschaffenheit von Schwein-, Kalb- und Rindfleisch und ihre Beziehungen zueinander unter dem Gesichtspunkt verschiedener Vermarktungsformen. Züchtungskd. 32 (1960), S. 488, 540

SCHÖN, L.; SCHEPER, J.: Der Handelswert von Schlachtkälbern und Kalbfleisch nach kombinierter Vollmilch/Magermilchmast mit antibioticahaltigen Beifuttermitteln. Fleischwirtschaft 13 (1961), S. 477 u. 569

SCHOLTYSSEK, S.: Untersuchungen über Fettanreicherung im Geflügelmastfutter unter Zusatz von Antioxydantien. 1957. Zit. b. LÖHLE, 1966

SNEDECOR, G. W.: Statistical methods applied to experiments in agriculture and biology. Iowa State College Press, Ames, 1956

STEINHAUF, D.: Histologische Untersuchungen zur Fleischqualität. Fleischwirtschaft 13 (1961), S. 1008

SWANSON, M. H.; MA: Factors affecting poultry meat yields. Station Bulletin 476, North Central Regional Research Publication No. 158, Agri. Exp. Stat. Univ. Minnesota, 1964

WALTERS, R. B.; MAI, K. N.; RODGERS, P. D.: Relations of weights and sizes of broiler parts to carcass weights. NSDA Marketing Res. Rept. 604: 30 pp, 1963. Zit. bei SWANSON

Anschrift der Verfasser
Doz. Dr. habil. HEINZ PINGEL und
Dipl.-Landwirt MARGOT BOCK
Institut für Tierzucht und Milchwirtschaft
der Sektion Tierproduktion
der Friedrich-Schiller-Universität Jena
69 Jena, Friedrich-Krieger-Str. 1

Arch. Geflügelzucht u. Kleintierkd. · Bd. 17 · 1969 · H. 1 · S. 51–57 · Berlin

Aus dem Institut für Tierzucht, Abteilung für Kleintierzucht,
der Martin-Luther-Universität Halle-Wittenberg

HORST HATTENHAUER

Vergleichende Untersuchungen zu den Einstreuverfahren in der Kükenaufzucht und Kükenmast

6. Mitteilung: Einflüsse der Nutzungsdauer von Altstreustapeln auf die Wachstumsleistungen und Mortalität von Küken

Eingegangen: 4. 3. 1968

Aus den mit zunehmender Nutzungsdauer ansteigenden Wirkstoffgehalten von Altstreustapeln wurde verschiedentlich gefolgert, daß Altstreustapel in nutritiver Hinsicht wirkungsvoller als Tiefstreustapel seien. Die Ergebnisse unserer Versuchsreihen bestätigten diese Ansicht. Darüber hinaus wurde jedoch vielfach weiter gefolgert, daß Altstreustapel umso wertvoller würden, je länger sie genutzt bzw. je älter sie werden. Gestützt wurde diese Meinung durch Versuchsergebnisse von KENNARD u. Mitarbeiter (1954), die Küken zwölfmal auf demselben Altstreustapel aufzogen und hierbei zunehmend günstige Effekte an den Körpermassen, der Rohverwertung und, in geringerem Umfange, auch an der Gesamtmortalität beobachteten. Die von uns vorgenommenen Verrechnungen dieser Werte mit Hilfe der unten angeführten Regressionsgleichungen ergaben auch für alle Positionen signifikante Einflüsse des Faktors Nutzungsdauer, doch zeigte die Durchsicht der Originalarbeit, daß der genannten Versuchsreihe in methodischer Hinsicht Mängel anhafteten (mehrmaliger Wechsel der Hühnerrassen u. a.), die ein solches Ergebnis nur vortäuschten. Eine Bezugnahme auf die zitierte Arbeit zur Stützung obiger Ansicht ist demnach nicht statthaft.

Indes erscheint aus mehren Gründen, nicht zuletzt der arbeitsökonomischen Vorteile und der Ersparnis an Einstreumaterial wegen, eine möglichst lange Nutzungsdauer desselben Einstreustapels wünschenswert. Obgleich hierüber der Literatur vereinzelt Berichte entnommen werden konnten, so ließen die empirische Anlage und Auswertung dieser Versuche keine Beantwortung der Frage nach möglichen Effektivitätssteigerungen in Abhängigkeit von der Nutzungsdauer der Altstreustapel zu.

Zur Beurteilung der Beeinflussungen des Kükenwachstums durch solche Stapel erschien es uns daher notwendig, diesen Fragestellungen in speziellen Auswertungen des Untersuchungsmaterials nachzugehen. Hierbei interessierten insbesondere folgende Fragen:

1. Inwieweit manifestieren sich nutritive Effektivitätssteigerungen mit zunehmender Nutzungsdauer von Altstreustapeln an den Küken, wie aus den Wirkstoffanreicherungen in den Stapeln vermutet werden kann?

Tabelle 1
Einfluß aufeinanderfolgender Aufzucht- oder Mastdurchgänge auf denselben Altstreustapeln auf die Rohverwertung

Streutyp	Anzahl der Durchgänge	Regressionsgleichungen	B	t_1	t_2	t_3
1. Hennenküken						
Kükenaltstreu	24	$y = 3,720 + 0,0016\,x_1 - 0,0054\,x_2 - 0,0038\,x_3$	0,895	$10,94^{+++}$	$-7,30^{+++}$	$-0,69^{-}$
Hobelspänealtstreu	10	$y = 3,714 + 0,0020\,x_1 - 0,0074\,x_2 + 0,0100\,x_3$	0,994	$24,72^{+++}$	$-21,80^{+++}$	$1,36^{-}$
2. Mastküken						
Kükenaltstreu (Leghorn)	10	$y = 4,662 + 0,0011\,x_1 - 0,0049\,x_2 - 0,0118\,x_3$	0,969	$12,15^{+++}$	$-10,56^{+++}$	$-1,05^{-}$
Kükenaltstreu (Broiler)	14	$y = 3,438 + 0,0008\,x_1 - 0,0026\,x_2 - 0,0027\,x_3$	0,989	$14,60^{+++}$	$-28,78^{+++}$	$-0,90^{-}$
Altstreu Torf-Hobel-Sägespäne	6	$y = 3,238 + 0,0010\,x_1 - 0,0029\,x_2 - 0,0070\,x_3$	0,983	$7,60^{+++}$	$-8,28^{+++}$	$-0,32^{-}$
Altstreu Hobel-Sägespäne	5	$y = 4,250 + 0,0012\,x_1 - 0,0047\,x_2 + 0,0562\,x_3$	0,963	$4,72^{+++}$	$-3,17^{+}$	$0,87^{-}$

Tabelle 2
Einfluß aufeinanderfolgender Aufzucht- oder Mastdurchgänge auf denselben Altstreustapeln auf die Lebendmassen

Streutyp	Anzahl der Durchgänge	Regressionsgleichungen	B	t_1	t_2
1. Hennenküken					
Kükenaltstreu	24	$y = 131,015 + 0,199\,x_1 + 1,372\,x_2$	0,644	$4,63^{+++}$	$0,79^{-}$
Hobelspänealtstreu	10	$y = 545,119 + 0,019\,x_1 - 9,936\,x_2$	0,345	$0,22^{-}$	$1,36^{-}$
2. Mastküken					
Kükenaltstreu (Leghorn)	10	$y = 642,216 + 0,076\,x_1 + 6,759\,x_2$	0,305	$1,09^{-}$	$0,77^{-}$
Kükenaltstreu (Broiler)	14	$y = 300,136 + 0,419\,x_1 + 9,351\,x_2$	0,521	$3,32^{++}$	$0,96^{-}$
Altstreu Torf-Hobel-Sägespäne	6	$y = 142,572 + 0,243\,x_1 + 35,904\,x_2$	0,581	$1,65^{-}$	$1,27^{-}$
Altstreu Hobel-Sägespäne	5	$y = 547,623 + 0,120\,x_1 + 35,928\,x_2$	0,843	$1,46^{-}$	$2,07^{+}$

2. Wie verhalten sich die Mortalitätsraten unter dem Einfluß längerer Nutzungsdauer dieser Stapel?

3. Bestehen zwischen Altstreustapeln Wirkungsunterschiede in Abhängigkeit von ihrer Zusammensetzung?

Als Auswertungsmethode wurde die Regressionsanalyse benutzt. Für die Versuchskriterien Rohverwertung (1) und Lebendmasse (2) wurden die multiplen Regressionen

$$y = a + b_1 x_1 + b_2 x_2 + b_3 x_3 \tag{1}$$

und

$$y = a + b_1 x_1 + b_2 x_2 \tag{2}$$

auf die Zeit berechnet, worin in Gleichung (1) für y = Rohverwertung, x_1 = Futteraufnahme, x_2 = Massezunahme, x_3 = Anzahl der aufeinanderfolgenden Aufzuchten und in Gleichung (2) y = Lebendmasse, x_1 = Futteraufnahme, x_2 = Anzahl der aufeinanderfolgenden Aufzuchten stehen. Nach vorangegangener arcsin-Transformation wurden die Regressionen der Mortalität auf die Zeit nach

$$y = a + b x \tag{3}$$

berechnet. In allen Gleichungen wurden die supponierten Merkmale einzeln in einem programmierten Alternativtest geprüft und die zu jedem x-Wert gehörigen t-Werte gesondert berechnet. Hierdurch wurde die Signifikanz der Einflüsse der einzelnen Faktoren auf die relativen Merkmale geprüft.

Die Ergebnisse für die Rohverwertung wurden in Tab. 1 belegt. Es zeigte sich, daß auf allen Altstreustapeln die Rohverwertung von der Futteraufnahme und Massezunahme der Tiere viel stärker als von der Nutzungsdauer der Streustapel beeinflußt wurde. Die Einflüsse der ersten beiden Merkmale erwiesen sich immer als signifikant, während für den Einfluß des Faktors Zeit in keinem Falle eine statistische Sicherung erreicht wurde.

Etwas anders gerichtete Ergebnisse ergaben sich bei der Auswertung der Lebendmassen (Tab. 2). Hier fehlte bei den meisten geprüften Altstreustapeln ein gesicherter Einfluß der Futteraufnahme auf die Lebendmassen. Ein solcher war lediglich zweimal auf Kükenaltstreu feststellbar. Auf dem Hobelspänealtstreustapel konnte dieser Einfluß erst nach erfolgter Reduktion des Zeiteinflusses schwach gesichert werden, was auf den restlichen Altstreustapeln aber nicht gelang. Bei diesen blieb der Futterverbrauch also ohne gesicherten Einfluß auf die Körpermassen der Tiere. Gewisse Anhaltspunkte über die Ursachen dieser Erscheinungen geben die in Tab. 2 ebenfalls mitgeteilten multiplen Bestimmtheitsmaße. Diese fielen für die Altstreustapel ohne sichere Beeinflussung der Körpermassen durch den Futterverbrauch relativ niedrig aus, was besagt, daß die beiden supponierten Merkmale die Körpermassen nur relativ wenig beeinflußten und ein relativ großer Anteil der Massevariabilität auf andere Einflüsse entfiel.

Für die Altstreustapel aus Hobel-Sägespänen ergab sich als einzigem der geprüften Streustapel ein schwach gesicherter Zeiteinfluß auf die Körpermassen. Der hohe B-Wert drückt eine starke Beeinflussung der Endmassen durch die beiden Faktoren Futterverbrauch und hintereinanderfolgende Aufzuchten aus. Die Regressionsgleichung dieses Altstreutyps resultierte allerdings aus relativ wenigen Beobachtungsdaten. Eine gewisse Vorsicht bei ihrer Interpretation ist deshalb angezeigt.

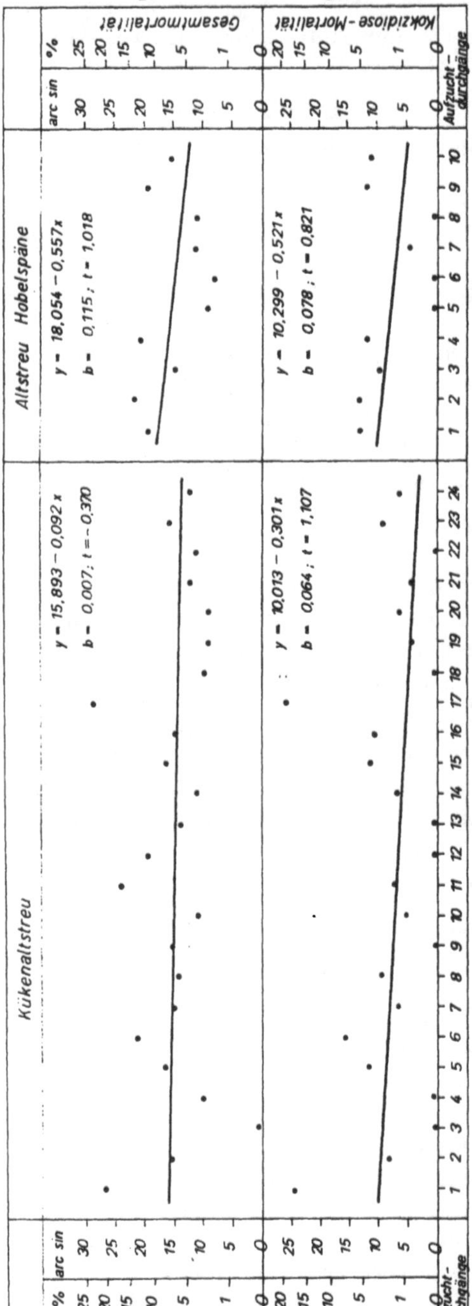

Abb. 1: Einfluß aufeinanderfolgender Aufzuchtdurchgänge auf die Gesamt- und Kokzidiosemortalität

Abb. 1 stellt den Einfluß der Zeit auf die Mortalität von Hennenküken auf den geprüften Altstreutypen dar. Sowohl die Gesamt- als auch die Kokzidiosemortalität wurden durch mehrfache Benutzung desselben Altstreustapels danach nicht ungünstig beeinflußt. Die Regressionsgeraden zeigten sogar eine schwache Neigung. Die hierin zum Ausdruck kommenden fallenden Tendenzen konnten aber nicht gesichert werden.

Ein anderes Bild ergab sich für die Kükenmast auf Altstreu (Abb. 2). Die wiederholte Benutzung eines Altstreustapels führte bei der Mast von Leghornhähnchen unter dem Einfluß der Zeit zu einem schwach gesicherten Anstieg der Gesamtverluste und zu einer tendenziellen Erhöhung der Kokzidioseverluste. Interessanterweise verhielten sich die Abgänge bei den nachfolgenden Broilern auf derselben Kükenaltstreu anders. Die Regressionsgerade für die Gesamtmortalität zeigte nur eine schwach steigende Tendenz, die für die

Kokzidiosemortalität fiel sogar leicht ab. Die unterschiedlichen Neigungen der Regressionsgeraden für die Leghornhähnchen und die Broiler auf derselben Kükenaltstreu deuten auf wahrscheinlich vorliegende typische Unterschiede des Tiermaterials für diese Haltungsform hin.

Die für beide Mortalitätskategorien auf Torf-Hobel-Sägespänen ermittelten leicht steigenden Tendenzen waren statistisch ungesichert. Die Regressionen der letzten beiden Altstreustapel müssen unter Berücksichtigung der geringen Anzahl von Versuchsdaten gewertet werden. Unter dem Einfluß der Nutzungsdauer traten auf dem Hobel-Sägespäne-Altstreustapel schwach gesicherte Erhöhungen der Kokzidiosemortalität auf.

Die oben aufgeworfene Frage, ob eine mit der Zeit zunehmende Wirkstoffanreicherung in Altstreustapeln auch mit gesteigerten nutritiven Effekten an den Küken einhergeht, muß nach den vorgelegten Ergebnissen der Regressionsanalysen daher allgemein verneint werden. Die Rohverwertungsdaten und auch die Lebendmasse blieben von der Nutzungsdauer der Streustapel unbeeinflußt. Eine Ausnahme hiervon stellte sich bei der Hobel-Sägespäne-Altstreu ein. Der schwach gesicherte Zeiteinfluß auf die Lebendmasse deutet auf gesteigerte nutritive Effekte dieses Streutyps mit zunehmender Nutzungsdauer hin. Nach

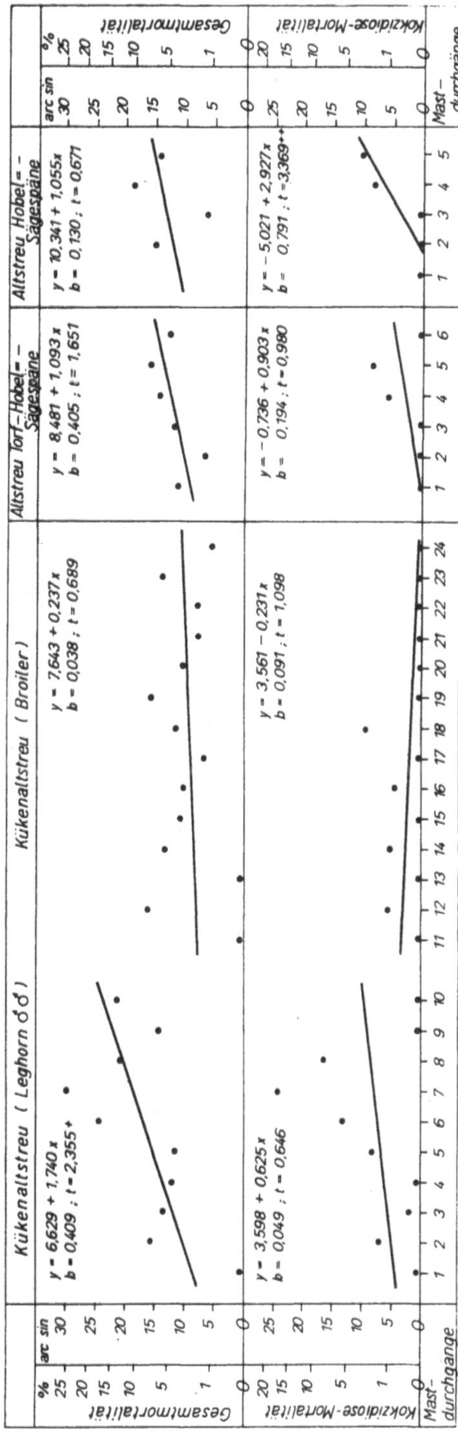

Abb. 2: Einfluß aufeinanderfolgender Aufzuchtdurchgänge auf die Gesamt- und Kokzidiosemortalität

den ungünstigten Ergebnissen der Versuchsreihen mit Tiefstreustapeln derselben Zusammensetzung kann dieser Befund vielleicht in dem Sinne gedeutet werden, daß bei Altstreustapeln, die aus schwer zersetzbaren Einstreukomponenten aufgebaut wurden, mit fortschreitender Einstreuzersetzung eine tendenzielle Erhöhung der nutritiven Wirkungen eintritt. Für eine solche Annahme sprechen auch die relativ erhöhten t_3-Werte der Streutypen Hobelspänealtstreu und Torf-Hobel-Sägespäne-Altstreu. Für eindeutige Rückschlüsse ist das vorliegende Versuchsmaterial aber vielleicht noch zu klein.

Ähnliche Ergebnisse erbrachte die Auswertung der Mortalitätsraten. Es stellt hierbei keinen Widerspruch dar, daß die Verluste der Leghornhennenküken und der Broiler von der Nutzungsdauer der Kükenaltstreu kaum beeinträchtigt wurden, während sich die Gesamtmortalität bei den Leghornhähnchen hierdurch schwach gesichert erhöhte. Es ist seit langem bekannt, daß die Jugendsterblichkeit bei Leghornhähnen deutlich stärker ist als bei Hennen. Aber auch innerhalb der Rasse bestehen hierbei noch größere herkunftsbedingte Unterschiede. So wußten wir bereits vor Untersuchungsbeginn, daß den verwendeten Leghornhähnchen dieser Herkunft in ihrer frühen Jugendentwicklung Vitalitätsmängel anhafteten. Die Beurteilung der mehrmaligen Benutzung der anderen Altstreustapel für die Broilermast wird durch die relativ geringe Anzahl von Wiederholungen erschwert. Die nur zufälligen Erhöhungen der Gesamtverluste deuten aber auf nur geringe Beeinflussungen durch die Haltungsform hin. Trotz der schwachen Sicherung der erhöhten Kokzidioseverluste auf Hobel-Sägespäne-Altstreu müßte auch dieses Ergebnis an einem größeren Versuchsmaterial nachgeprüft werden.

Zusammenfassung

Mit Hilfe von Regressionsanalysen wurde geprüft, ob und inwieweit sich mit zunehmender Nutzungsdauer von Altstreustapeln nutritive Effektivitätssteigerungen an den Küken manifestieren und wie sich die Mortalitätsraten unter dem Einfluß längerer Nutzungsdauer verhalten. Die berechneten multiplen Regressionen für die Rohverwertung bzw. Masseentwicklung auf die Zeit ergaben keinen signifikanten Zeiteinfluß, woraus geschlossen werden kann, daß mit zunehmender Nutzungsdauer keine nutritiven Effektivitätssteigerungen auf Altstreustapeln auftreten. Die Mortalitätsraten blieben von einer längeren Nutzung derselben Altstreustapel ebenfalls unbeeinflußt.

Резюме

Название работы: Сравнительные исследования способов подстилки при выращивании и откорме цыплят. 6-ое сообщение: Влияние срока использования штабелей старой подстилки на рост и смертность цыплят.

При помощи регрессионных анализов исследовали вопрос — сказывается ли и в какой степени удлинение срока использования старых штабелей подстилки на повышение эффективности кормления у цыплят и как продолжительное использование отражается на их смертности. Исчисленные множественные регрессии для оплаты корма или динамики веса на срок использования не проявляли достоверного влияния срока, из чего можно сделать вывод, что возрастающий срок использования старых штабелей не оказывает положительного влияние на повышение эффективности кормления. Продолжительный срок использования также не влиял на смертность.

Summary

Title of the paper: Comparative studies on litter systems used in chicken rearing and fattening. 6th Communication: Effects of time of use of old built-up litter on growth performance and mortality of chicks.

By means of regression analyses it has been tested if and to what an extent old built-up litter with growing period of use results in an increase of nutritive efficiency of chicks, and how mortality rates develop under conditions of long periods of use. The multiple regressions computed for conversion of crude nutrients and weight increase per time unit did not reveal a significant influence of the time factor. This would allow to conclude that with growing periods of use no increase of nutritive efficiency will happen on old built-up litter. The mortality rates remained unchanged under conditions of a prolonged use of one and the same old built-up litter.

Literatur

Kennard, D. C.; Moore, E. N.; Chamberlin, V. D.: The role of floor management in nutrition and disease prevention of chickens. Poultry Sci. 33 (1954), S. 1063 to 1068

Anschrift des Verfassers
Dr. habil. Horst Hattenhauer
Institut für Tierzucht der
Martin-Luther-Universität Halle-Wittenberg
401 Halle, Ludwig-Wucherer-Str. 79

LITERATURSTUDIEN ZUR ERMITTLUNG DES WISSENSCHAFTLICH-TECHNISCHEN HÖCHSTSTANDES

Folgende Literaturstudien wurden bisher veröffentlicht und werden laufend überarbeitet:

1. **Literaturstudie zur Ermittlung des wiss.-techn. Höchststandes im Kartoffelanbau**
2. **Literaturstudie zur Ermittlung des wiss.-techn. Höchststandes im Zuckerrübenanbau**
3. **Literaturstudie zur Ermittlung des wiss.-techn. Höchststandes in der Schweinefleischproduktion**
4. **Literaturstudie zur Ermittlung des wiss.-techn. Höchststandes in der Rinderproduktion**
5. **Literaturstudie zur Ermittlung des wiss.-techn. Höchststandes in der Getreideproduktion**

Die Literaturstudien werden nur direkt vom Institut für Landwirtschaftliche Information und Dokumentation der Deutschen Akademie der Landwirtschaftswissenschaften zu Berlin gegen einen Unkostenbeitrag von 5,— M je Heft versandt.

Bestellungen erbeten an das

Institut für
Landwirtschaftliche Information und Dokumentation
(ILID)
108 Berlin
Krausenstr. 38/39

www.ingramcontent.com/pod-product-compliance
Lightning Source LLC
LaVergne TN
LVHW091730021026
849161LV00003BB/540